我在为自己读书

王磊荣 ◎ 编著

中国纺织出版社有限公司

内容提要

孩子怎样读书，是如今受到广泛关注的社会问题，很多父母都陷入教育焦虑状态。其实，很多孩子并不知道读书的目的和意义何在，以致他们在读书方面总是感到迷惘和困惑，不愿付出艰苦的努力，因此没有收到父母预期的效果。

本书以现代社会中孩子承受巨大学习压力的学习现状作为背景，启迪孩子思考读书的意义，让孩子确立读书的目标和伟大志向。同时，本书从心理学角度出发，引导孩子走出读书的被动局面，从而有的放矢地读书，可持续地读书。

图书在版编目（CIP）数据

我在为自己读书 / 王磊荣编著. --北京：中国纺织出版社有限公司，2019.11（2022.8重印）
ISBN 978-7-5180-6225-6

Ⅰ.①我… Ⅱ.①王… Ⅲ.①成功心理—青少年读物 Ⅳ.①B848.4-49

中国版本图书馆CIP数据核字（2019）第098559号

责任编辑：李　杨　　特约编辑：王佳新
责任校对：楼旭红　　责任印制：储志伟

中国纺织出版社有限公司出版发行
地址：北京市朝阳区百子湾东里A407号楼　邮政编码：100124
销售电话：010-67004422　传真：010-87155801
http://www.c-textilep.com
中国纺织出版社天猫旗舰店
官方微博http://weibo.com/2119887771
三河市宏盛印务有限公司印刷　各地新华书店经销
2019年11月第1版　2022年8月第3次印刷
开本：710×1000　1/16　印张：13
字数：125千字　定价：39.80元

凡购本书，如有缺页、倒页、脱页，由本社图书营销中心调换

前言

对你而言，读书是一件有趣的事情吗？你能在读书的过程中感到极大的满足、获得心灵上的安慰吗？你能在成长的过程中每天都与书相伴吗？你是否有捧起一本书来读、不忍心放下的经历呢？如果对于这些问题的回答都是否定的，那么你当然是一个不爱读书的孩子，或者可以说你还没有发现读书的乐趣。如果你对于这些问题的回答都是肯定的，那么恭喜你，你是一个热爱读书的孩子，也已经从书籍中获得了乐趣和极大的满足，并且形成了乐于读书的好习惯。未来，你的人生一定会与书香相伴，你也会因此而受益匪浅。

书籍，是人类精神的食粮，让我们纵然没有时光穿梭机，也可以以书本作为媒介，与无数的先哲进行思想与灵魂的交流；读书，是比行万里路更简单容易的事情，让我们足不出户，也无须受到天气等各种外部条件的影响，就可以了解世界各地的风土人情；书籍，也可以给人以精神上的抚慰，让人在迷惘和困惑的时候，从书籍中得到精神上的力量，得到人生的指引……否则，内心就会变得非常困惑，对于人生也会迷失方向。为此，青少年一定要多读书，读好书，这样才能从阅读中感受到乐趣和满足，并得到心灵的抚慰。

如果你现在是一个还不那么热爱读书的人，就要培养自己对于读书的兴趣。对于读书，不要怀着急功近利的思想，而是要先从喜欢的书开始读，从而让自己渐渐地爱上阅读。正如人们常说的，兴趣是最好的老师，对于没有兴趣的事情，孩子总是很难坚持下去。当然，要想养成阅读的好习惯，还要每天固定时间用来读书，这样才能循序渐进，让自己习惯于读书。不要再沉迷于电子游戏，也不要总是盯着电视屏幕看那些电视剧，与其浪费宝贵的时光在这些毫无意义的事情上，不如积极地读书，以书香浸润自己的人生，以书香改变自己的未来。

很多青少年都有自己的梦想，也想要实现梦想。那么，就一定要更加热爱读书，因为，读一本书两本书对于我们的促进作用也许不明显，但是，当读书更多，且始终坚持读书，我们就会因为饱览群书而呈现出不同的气质、眼界和学识，这是无论花多少钱也买不来的。很多青少年习惯于依靠父母生活，却不知道父母即使再爱孩子，也不可能始终陪伴在孩子的身边，更不可能保护和安排孩子一辈子。孩子终究要长大，要独立思考人生中各种难题，超越人生的困境，对此，没有强大的精神支撑是根本不可能做到的。书香浸润的人生不但有气质，有见地，也有胆量，有勇气！当生活遭遇艰难坎坷的时候，当觉得人生面临不可超越的绝境时，不如想一想海伦的《假如给我三天光明》，想一想《简·爱》，想一想《飘》。人生不如意十之八九，没有人是生来就很强大且无所不能的，既然如此，就让我们坦然面对和接纳人生的不如意，这样才能激发起人生的斗志，让人生有更加了不起的未来！

当年，才12岁的少年周恩来就立志要"为中华之崛起而读书"，正因为如此，他才能有伟大的一生。如今，我们生活在和平年代，学习的条件更好，精神文明的发展更加快速和丰富，我们就更要抓住这个千载难逢的好机会，让自己积极主动地读书，多读书，读好书！唯有如此，我们才能从书籍中汲取力量和养分，让自己变得更加强大，成为无所畏惧的人生强者！

编著者
2019年5月

目 录

第1章 为自己读书,时刻谨记"我要学" ……………………001

　　端正学习态度,才能提高学习效率 ………………002
　　学业不是用来赌气的 …………………………………004
　　强烈的好奇心是学习的内驱力 ………………………006
　　主动学习,享受学习的乐趣 …………………………008
　　学习是享受,不是折磨 ………………………………011
　　踩着挫折不断成长 ……………………………………014
　　当觉得无路可走时,请与知心好书相伴 ……………016

第2章 业精于勤而荒于嬉,会读书更要勤读书 ……………019

　　你每天几点起床 ………………………………………020
　　书山有路勤为径,学海无涯苦作舟 …………………022
　　时间就像海绵里的水 …………………………………024
　　治愈懒惰和拖延的病 …………………………………026
　　利用好碎片时间 ………………………………………028
　　读书要有计划 …………………………………………030
　　学而时习之 ……………………………………………033

第3章 让读书变成兴趣,品味读书的快乐 …………………037

　　遵循心的指示,以兴趣作为老师 ……………………038

做感兴趣的事情，事半功倍……………………………………040

努力培养对阅读的兴趣……………………………………………042

从读书中感受快乐，才能对书籍爱不释手……………………044

爱学习，才会乐于学习……………………………………………046

有的放矢地解决偏科问题…………………………………………048

不读不良书籍………………………………………………………050

第4章 收回心思专心读书，三心二意是学习大忌……………053

专心致志，才能提高成绩…………………………………………054

把所有心思都用在捧读的那本书上……………………………056

课堂的时间一定要分秒必争……………………………………058

拥有自控力的人更强大…………………………………………061

专心地学，放松地玩………………………………………………064

做到心无旁骛地学习……………………………………………066

第5章 珍惜读书的时光，合理利用每一分钟…………………069

青春宝贵，珍惜时光……………………………………………070

不要沉迷于言情小说……………………………………………072

网络游戏的瘾必须戒掉…………………………………………075

不要被朋友圈割裂了时间………………………………………077

远离狐朋狗友……………………………………………………080

第6章 读书方法掌握好，学习效果看得到 085

- 把握整体学习的技巧 086
- 好的学习方法让学习事半功倍 088
- 把阅读碎片整合起来 090
- 如何在信息爆炸时代把握学习的形势 092
- 假期在家里也适合学习吗 095
- 保持可持续学习的能力 098
- 形成做读书笔记的好习惯 100

第7章 你是在为自己而活，也是在为自己读书 103

- 为自己而活，创造美好未来 104
- 有资本，才能过上想要的生活 106
- 为自己读书，让人生绽放 109
- 拓宽视野，明确人生 111
- 用知识充实自己的心灵 113

第8章 知识改变命运，读书成就未来 117

- 书籍让人努力向上 118
- 多读书，读好书 120
- 书籍是人类精神的食粮 122
- 掌握知识与技能，才能畅行社会 123
- 书中有着美好的未来 125

读书，才能充实自己的智慧 ···················· 127

第9章 每个人都是独特的，所以掌握适合自己的方法很重要 ······ 131

方法对了，学习就对了 ···················· 132

如何才能学好英语 ···················· 134

怎样的学习方法才是适合你的 ···················· 136

与学习契合很重要 ···················· 139

相亲式学习的巧妙使用 ···················· 141

基础练习题有没有必要写 ···················· 142

学习是出于喜欢还是出于需要 ···················· 145

对学习，不要抱着"总有一天用得上"的想法 ···················· 147

第10章 使用思维导图，构建完整的知识体系 ···················· 149

学会思维导图，知识自成体系 ···················· 150

思维导图的构成要素 ···················· 153

如何从零开始制作思维导图 ···················· 155

绘制思维导图要掌握的原则 ···················· 157

以思维导图的方式记好笔记 ···················· 160

第11章 几种简单实用的速效学习法，效果立竿见影 ··········· 163

弥补短板，发展兴趣 ···················· 164

如何培养学习的兴趣和信心 ···················· 166

好记性不如烂笔头 169
创造身临其境的情境，把自己带入好状态 171
建立一个自己偏爱的世界 173
会听，还要会做，才能活学活用 175
认真去听，发现崭新的世界 177

第12章 那些所谓的天才，不过是掌握了高效率学习的秘籍 181

如何轻松高效地学习 182
你不可不知的——艾宾浩斯的遗忘曲线 184
从读到听，辅助记忆 186
笨人到底为什么笨 189
攻克学习的薄弱环节 190
预习和复习，才能让学习事半功倍 193

参考文献 197

第1章

为自己读书，时刻谨记"我要学"

爱学习的孩子，已经进入了学习良性循环的阶段，他们在学习的过程中变"要我学"为"我要学"，常常能够领先于他人，在学习上渐入佳境。与爱学习的孩子正好相反，不爱学习的孩子总是逃避学习，抗拒学习，他们常常会把原本该用于学习的时间都用来玩耍，为此进入学习的恶性循环之中，导致学习情况越来越糟糕，而且积重难返，再想补习和追赶上来就会变得很难。为此一定要让自己进入积极的学习状态之中，时刻牢记读书是为了自己，学习也是为了自己，这样才能激发出内部驱动力，从而在学习和读书方面有更加出类拔萃的表现。

端正学习态度，才能提高学习效率

很多人把学习成果等同于学习效率，实际上学习成果只是影响学习效率的一个因素，是学习之后的结果，而学习效率则不但要有结果，还要有速度，也就是说，只有有速度有成果，才能形成良好的学习效率。

对于每一个孩子而言，要想学习得轻松，就要提升学习效率，否则，即便只是完成很少的学习任务，也需要付出漫长的时间，使得学习效率极其低下，也会导致学习任务积压。学习效率高的孩子，不但可以保质保量地完成学习任务，而且在学习中遇到难题的时候不会畏缩，而是会积极主动地战胜困难，解决难题。那么，如何才能有效地提升学习效率呢？其实，学习效率是由学习态度决定的。只有端正学习态度，我们对于学习才能变得更加积极主动，才能在完成学习任务、掌握知识点的时候开足马力理解、记忆，再活学活用。反之，如果孩子本身对于学习就怀着排斥和抵触的态度，则想要高效率学习根本不可能。正如人们常说的，心若改变，世界也随之改变。很多时候，我们做同一件事情，是否态度端正、积极主动，所产生的结果都是不同的。

很多孩子都不曾意识到学习态度的重要性，他们总觉得，不管自己是敷衍了事还是认真对待，学习成绩都始终维持在不高不低的水平。为此，他们就信马由缰，由着自己的性子去了，根本不愿意继续努力认真。

其实，短期内学习态度的改变也许不会取得立竿见影的效果，但是时间久了，学习态度就会折射在学习的各个方面。为此，不要总是急功近利，而要把心态摆正，这样才能始终坚持认真对待学习，谨慎处理好学习上的各种问题，如此，才能日久天长地积累，取得最好的学习效果。

郭沫若是中国伟大的文学家，创作了很多优秀的作品。他有深厚的文学功底，在学习的过程中始终非常认真努力，从来不敢有丝毫懈怠。在学习历史的时候，郭沫若因为无法记住历史中的诸多朝代和皇帝的名字，所以把历史知识记忆得很混乱，还因为在课堂上无法回答问题，被老师狠狠地批评呢！为了改变这种情况，郭沫若把所有的历史年代和对应的皇帝名号都背诵下来，达到了倒背如流的程度，从此之后他对于历史很精通，再也没有因为回答错历史问题而被老师批评。

后来，郭沫若渐渐地喜欢上历史，为此开始读《史记》。为了更好地理解书中的内容，他一边读书，一边拿着一支笔在书的空白处做笔记对于《史记》中的那些经典文字，他还会整个儿抄录下来，不但加深了印象，也做好了摘抄工作，方便了日后随时随地翻阅。在这样努力学习的过程中，郭沫若打下了坚实的知识基础，也为自己日后的创作铺垫了条件。

"这个世界哪里有天才，我只是把别人喝咖啡的时间用来创作而已。"这是大文豪鲁迅先生曾经说过的话，它充分向我们证实了所谓的天才都来自勤奋。如果总是非常懒惰，无限拖延，哪怕有再高的天赋，也不可能把这天赋发扬光大，更不可能让自己成为出类拔萃的人才。

作为学生，我们一定要端正学习态度，不要总是对于学习三心二意，也不要总是觉得态度不重要。态度往往会对我们的言行举止产生很大的影响，尤其是在学习方面，稍微走神或者是分心，就会导致学习效果发生很大的改变。当然，作为孩子，我们也是很爱玩的，难免会有贪玩或者想要投机取巧的时候，每当这时就要提醒自己，一定要专心致志地对待学习，这样才能在付出之后有所收获，才能在成长的过程中不断地崛起，突破和超越自己。

学业不是用来赌气的

新生儿从呱呱坠地起，就依赖父母的照顾开始成长。他们是那么孱弱瘦小的生命，在母亲甘甜乳汁的滋养下，在父母全心全意的抚育下，不断地成长，一天比一天更成熟。随着身体变得日益强壮，他们的内心也变得更加强大。渐渐地，他们从那个完全依赖父母生存的小生命，变得与父母渐行渐远，因为他们有了独立的思想和灵魂，再也不愿意凡事都听从父母的安排。在此过程中，父母与孩子之间的关系不再那么简单，双方随时有可能出现冲突。尤其是在孩子上学之后，因为孩子贪玩心重，而父母又总是督促孩子一定要把每一分每一秒都用于学习，父母与子女之间的冲突便由此爆发。

其实，这种矛盾产生的根源在于，孩子在不断地成长，而父母却始终停留在孩子小时候的阶段，还误以为孩子会对父母言听计从。殊不知，孩子长大了，不愿意再凡事都听从父母的安排，为此父母必须更加尊重孩子，平等地与孩子沟通和交流，才能真正打开孩子的心扉，与孩子进行顺畅的沟通和交流，才能知道孩子到底在想什么，准备怎么做。

佳佳已经读小学五年级了，也许是因为五年级学习难度有所增加，所以，原本在四年级的时候学习成绩还不错的佳佳，升入五年级后学习成绩下滑很严重。一开始，妈妈以为佳佳是因为贪玩手机才导致学习成绩下降的，为此没收了佳佳的手机，并规定佳佳在平日的学习时间内不允许玩计算机。对于这一切，佳佳虽然很不高兴，但是想到自己的学习成绩的确下降很厉害，也就接受了。

有一天，佳佳放学还没有回到家呢，妈妈就接到老师的群发短信。原来，是期中考试的成绩出来了。看到佳佳的数学成绩居然从班级前十名滑到班级二十几名，又从班级二十几名下滑到倒数第十名上下，妈妈不由得火冒三丈。佳佳才回家，妈妈不问青红皂白就对着佳佳劈头盖脸一通数落。佳佳躲到自己的房间里不愿意出来，这个时候爸爸下班了，喊佳佳："佳佳，吃饭了！"妈妈怒气冲冲地说："吃什么饭吃饭，简直是个废物！"爸爸听到妈妈说出这样的话，赶紧示意妈妈噤声，又喊佳佳："佳佳，再不吃饭，你爱吃的肉丸子就被吃光啦！"佳佳说："我不吃！"妈妈说："哎呀，你考了这么点儿成绩还觉得特别有脸是吧，爱吃吃，不吃拉倒，下次再考这么点儿分，想吃也没饭吃！"佳佳听到这句话眼泪不停地打转，他拉开门冲着爸爸妈妈喊道："我还就告诉你，从今以后我不去上学了，你们谁爱去上学谁去！"说完，佳佳砰的一声，把爸爸妈妈关在门外。

在这个事例中，妈妈看到佳佳的成绩这么糟糕，非常生气，为此对着佳佳劈头盖脸地数落，说起话来也不讲究方式方法了。幸好爸爸还算理智，示意妈妈不要失去理性。然而，佳佳已经听到了妈妈说的话，他没有其他的东西可以与爸爸妈妈抗衡，为此就决定以不上学要挟妈妈。

殊不知，学业从来不是赌气的筹码，对于孩子来说，学习是为了自己，不是为了父母，所以任何时候都要把学习学好，才算尽到了本分和义务。如果总是动辄不上学，则最终只会让自己的学习脱节，害了自己。

孩子当然要有志气，但是志气绝不要表现在不上学上，而应该把好钢用在刀刃上，把力量用在学习上。其实换个角度想想，父母之所以在我们考试考砸了的时候恨铁不成钢地责骂我们，实际上是因为他们想激励我们不断地努力进取，下次考出好成绩。只是有的父母在情急之下会失去理智，口不择言，以致激发起我们的逆反心理。从这个意义上来说，父母也要多多理解和体谅孩子，避免对孩子口不择言，也避免刺激孩子稚嫩冲动的心。归根结底，父母都是想把孩子教育好的，而孩子也都是想以好成绩回报父母的。为此，一定要找到合适的方式进行沟通和交流，如此才能让家庭教育步入正轨，开启良性循环，才能让孩子的成长更加事半功倍。

强烈的好奇心是学习的内驱力

孩子在一岁前后学会走路，从只能被父母和家人抱着移动位置，到可以自由地移动位置，孩子的活动范围突然之间扩大很多，这样一来，孩子的好奇心也被激发起来，他们对于外部的世界充满了强烈的好奇。很多父母都发现，孩子在刚学会走路的时候根本不愿意被抱着，而是希望随心所欲地去任何地方，也没有危险的意识，更不会躲避危险。不得不说，在这个阶段，孩子的好奇心是最强的，他们学习的欲望也是最强的。父母甚至不需要刺激孩子学习，孩子就会主动自发地学习。他们不断地模仿身边的人，也会拿着手中随便什么玩意儿敲击周围的物体，他们还会用嘴巴啃，用手触摸，就这样通过口感、触觉、听觉、视觉等各种因素去探索世界。

随着不断着成长，孩子完成了对于自己的提升和完善，然后进入学校中，开始接受系统的学习。在这个阶段，原本在家里自由习惯了的孩子突然受到学校里的各种纪律约束，对此，他们需要适应一段时间，才能完全习惯学校的生活节奏。在此期间，父母一定要继续保护好孩子的好奇心，而孩子也应该对这个世界充满好奇，这样孩子才能在探索世界的过程中学习更多的知识，提升和完善自身的技能与能力。否则，当孩子对于外部世界丝毫不感兴趣，那么他们还如何拥有学习的内部驱动力呢？若孩子把自己封闭在世界之外，他们就会变得很自闭、很封闭，甚至呈现出病态的模样。

伟大的科学家爱因斯坦从小就具有强烈的好奇心。正是因为好奇心驱使着他，他才能在科学的道路上越走越远，才能让自己最终做出伟大的成就。在四五岁的时候，爱因斯坦得到了父亲赠送的一个特殊礼物，这个礼物不是玩具，而是一个小小的罗盘。爱因斯坦看着罗盘的指针一直指向北方，觉得好奇极了，因为并没有什么力量在控制着这根指针啊！为此他四处寻找答案，探求真相。这样一来，他的心里就有了好奇的种子，也有了对于世界和自然的探索欲望。此后的日子里，他总是喜欢做那些看起来让人不能理解的事情，实际上他却自有道理。在坚持不懈的过程中，他在好奇心的指引下，距离科学和真理越来越近。

地球已经存在了那么久，而和地球的历史相比，人类的历史是很短暂的。对于靠着这短暂历史建立起来的文明,很多人都觉得满足和骄傲,实际上,人类只是在探索地球的道路上前进了小小的一步而已。不管是对于地球还是对于世界,我们都要怀着好奇心,也要有大格局,放眼世界,展开人生。作为孩子,如果没有游历世界的机会,也可以在自己的桌子摆放一个地球仪,这样一来,就可以在学习之余看看地球仪,看看每个国家分别分布在地球上的什么地方。渐渐地,就可以做到心怀世界,有大格局。

有人说,心有多大,舞台就有多大;也有人说,思想有多远,人生就能走多远。的确,格局决定了一个人的发展。我们一定要有人生的大格局,这样才能不断地努力奋进,勇往直前。古今中外,好奇心一直是驱使人们不断努力前行的强大动力。如果没有好奇心,哥伦布就不会发现新大陆;如果没有好奇心,人类就不会搭乘宇宙飞船飞到太空里,把足迹留在其他星球上;如果没有好奇心,小小的婴儿甚至不能学会说话……我们固然要构建自己的世界,但是我们同时也生活在整个宇宙中,为此我们既要立足于自身,也要看向更远的地方,这样我们才能立足高远,心怀天下,才能在学习的道路上始终孜孜以求,绝不懈怠。

主动学习,享受学习的乐趣

既然哭着也是一天,笑着也是一天,我们为何不笑着度过生命中的每一天呢?既然主动学习也要学习,被动学习也要学习,我们为何不能把"要我学"变成"我要学"呢?看起来这两个词语只是字序稍有不同，实际上失之毫厘，谬以千里，"要我学"和"我要学"简直有天壤之别。前者是被动学习，是被逼迫着学习知识，而后者是主动学习，是追求知识和真理，以知识与真理填充自己的心灵。前者只会觉得学习苦，后者却能从学习中发现兴趣和乐趣所在，从而进入学习的良好状态，更加积极主动地学习。学习就是有这样的特质，越是深入学习，越是能感受到学习的乐趣，而如果对待学习浅尝辄止，则很容易被学习的枯燥和压力打败，成为学习的奴隶，这样一来，不但无法享受学习的乐趣，还会导致自己在学习过程中感到兴致索然。

作为学生，我们一定要把被动学习转化为主动学习。当然，这样的转化做起来并不像说起来那么容易，更多的时候，孩子都是贪玩的，也不愿意把大量的时间都用于学习，只有态度端正，才能有正确的学习态度，也只有积极进取，才能在学习过程中有更好的体验和更多的收获。

乐乐刚刚放学推门走进家里，妈妈就说："乐乐，快去写作业。"乐乐抬头看着妈妈，厌烦地说："你天天就知道作业作业，你还能不能问点儿别的！"被乐乐一番抢白，妈妈也很生气："你要是每次都能主动完成作业，还需要我问吗？你要是不想被人问被人催，就主动完成作业，你以为我很愿意问你吗？"就这样，乐乐被妈妈气得直翻白眼，妈妈也生了一肚子气。

乐乐很拖延，尽管一进入家门就被妈妈催，还是先要喝水、吃点心和水果，再写作业。妈妈气得简直想打他，但是他依旧慢慢吞吞、不急不缓的。结果，虽然三点半放学，乐乐却直到四点半才开始写作业。虽然作业只需要两个多小时就能写完，但乐乐中间又吃了个晚饭，所以到晚上八九点才写完。妈妈忍不住抱怨："别人家的孩子写完学校的作业还能学习课外的知识，完成课外作业，就你这么慢慢吞吞的，总也不能完成作业！"乐乐说："写那么快干吗，还不是要完成课外作业，还不如慢慢吞吞写呢！"正是因为对于学习抱着这样的态度，一段时间之后的月考中，乐乐的学习成绩有了很大的波动，下滑很严重。妈妈气得要送乐乐去补习班，乐乐不想参加补习班，只好接受妈妈的安排，每天晚上做一定量的课外习题拓宽知识面。这样坚持了一段时间之后，乐乐发现迅速完成作业也挺好的，因为，只要他把课外作业也完成，就可以有时间看看课外书了。有一次，乐乐在考试过程中遇到一道习题中遇到过的题目，全班只有他和少数同学做对了，他感到特别有成就感，由衷地对妈妈说："做习题是有好处的，可以让我知道更多的题型。"妈妈赶紧趁热打铁鼓励乐乐："对啊，学校里书本和习题册上的题目都很简单，而且题型少，所以，一定要多做题，见多识广，才能不被任何题目难住。"就这样，乐乐对于学习的态度越来越积极，有的时候还会主动要求妈妈给他布置课外习题呢！

　　孩子要想在学习上有更好的表现，就一定要把被动学习转化为主动学习，这样才能在学习的过程中积极主动地探索知识，才能让自己不断强大起来。当然，转变学习态度也不是那么容易的，要想清楚以下几个问题。

　　首先，我们为什么要学习？学习可以让我们掌握更多的知识，充实我们的心灵，也可以提升我们的能力，让我们以更强大的姿态屹立于生活之林，从而可以创造自身的价值，为社会生活作出贡献。其次，我们为什么不愿意学习呢？大多数孩子不想学习，都是因为觉得学习很枯燥乏味，为此对于学习怀着排斥和抗拒的态度。其实，学习并没有那么辛苦，反而有很多的乐趣，只要选择合适的学习方法，我们就可以在学习过程中收获更多。在学习上遭遇"瓶颈"的时候，我们还可以向父母求助，从而得到父母的帮助，在学习方面事半功倍。最后，一定要调整好心态，在学习过程中积极主动地提问，这样才能激发自己的思维，让自己更加深入地思考和探讨很多问题，从而感受到学习给我们带来的充实和成长，并真心诚意地爱上学习，做到乐学。

总而言之，人人都需要学习，才能不断地成长，没有人从一出生就学识渊博。那些学者、科学家、艺术家等，都是在后天成长的过程中坚持学习，持续积累，从而不断进步，最终成就自己的伟大。

学习是享受，不是折磨

每当夜晚到来的时候，看着万家灯火，你感受到的是温暖、向往，还是紧张、焦虑？通常，在人们的心目中，黑暗中的灯光往往使人感到非常明亮，也让人情不自禁地想要靠拢这灯光，融入这灯光。然而，如果你是孩子，尤其是当你把学习当成一种折磨的时候，你很有可能会厌倦这灯光。在灯光下，很有可能坐着一个和你一样的孩子，艰难地等着时间流逝，渴望着能够早点儿躺入温暖的被窝。不得不说，若一个人对于学习怀有这样的抵触心态，且把用于学习的每一分每一秒都看得非常煎熬，则他对于学习的体验一定是不愉快的，他在学习上的收获也是很少的。

从本质上而言，学习到底是享受还是折磨？心若改变，你对于这个问题的回答也会改变。而从某种意义上说，你对于这个问题的回答如何，甚至会决定你在学习过程中将得到多少收获、多少成长。不得不说，学习的确是很枯燥的，特别是当所学的知识是我们不熟悉、不了解，也不擅长的时候，我们就更觉得学习紧张而又艰难。为此，就算有人说学习是一件苦差事，我们也不必感到惊讶。因为学习总是要耗费大量的时间和精力，且常常遭遇失败。努力付出了未必有收获，但是如果不曾努力付出，那么就会毫无收获，这句话用在学习上再贴切不过。

  学习还是一个不断向前推进的过程。我们学会了小学的知识，以优秀的成绩从小学毕业，但是这并不意味着我们将来在初中学习中也会表现优异，成绩良好，更不代表我们未来在高中毕业的时候能考入一所好大学。众所周知，在各行各业中，销售是一项极具挑战性的工作，因为销售的业绩是需要月月清零的，也是需要销售员非常努力地去拼搏，以做好每个月的。其实，学习和销售工作很像。不管你在某个阶段的考试成绩多么好，成绩都只能代表你此前在学习上的收获，而不能代表你在未来学习中的表现。所以对于我们来说，最重要的是全力以赴做好该做的事情，考试成绩好，不要骄傲，考试成绩差，不要气馁，而是要继续努力，再接再厉，才能争取在下次考试中取得更好的成绩。这样的循环往复，让我们必须始终都对学习怀有积极的心态，付出更多。否则，如果稍有懈怠，学习成绩马上就会下降，学习状态马上就会变得糟糕，这岂不是很可怕吗？

  即便如此，我们也不要觉得学习苦。在这个世界上，一个人只要活着，做什么不辛苦呢？可以说，做什么都很辛苦。只不过积极的人善于苦中作乐，而消极的人看到的则都是悲观绝望和无奈沮丧。作为孩子，我们就像早晨八九点钟的太阳，有什么理由让自己的人生充满阴霾？我们一定要内心明媚，让人生充满灿烂的阳光，这样才会有更好的表现和成长。

居里夫人在一生之中两次获得诺贝尔奖，这都是因为她始终在为科学事业贡献自己的身心。从小，居里夫人就很喜欢看书，哪怕身边有很多人都在蹦蹦跳跳，做好玩的游戏，她也能捧着书本，专心致志、目不转睛地看书，而丝毫不会被打扰。有一次，小伙伴们玩得正高兴，看到纹丝不动的居里夫人，突然产生了恶作剧的想法。为此，他们把几个板凳高高地摞起来，放在居里夫人的身后，这些板凳堆得很不稳固，只要居里夫人稍微动一下，板凳马上就会掉下来，砸在居里夫人的身上。

小伙伴们在设计这个机关的时候，居里夫人始终沉浸在知识的海洋里，而对于小伙伴的行为没有任何觉察。小伙伴们设计完这个机关之后，全都安静下来，想看到居里夫人活动后被板凳砸到受到惊吓的可笑场面。然而，他们等了很久，居里夫人不但没有动，更没有意识到身边原本喧嚣吵闹的小伙伴们都安静了。从这次之后，小伙伴们全都对居里夫人佩服得五体投地，而且在居里夫人热爱读书和学习的带动下，也开始读书和学习。

当一个人真正感受到学习的快乐时，他就会做到"两耳不闻窗外事，一心只读圣贤书"。事例中，居里夫人显然已经达到了这样至高无上的境界，所以她才会对小伙伴们突然变得安静、专门设计机关对付她这些事毫无觉察。这样的投入，让居里夫人把书上的知识都学习和掌握下来，也为她未来投身于科学实验奠定了良好的基础。

捧起书本之前，你在想些什么呢？你是庆幸自己终于又有时间读书，而且迫不及待地想要打开书本，还是抱怨自己与其读书，还不如把时间用来玩耍呢？若你认为学习很讨厌，你在学习上就不会有事半功倍的效果，你在学习中的收获也就不会那么多。若你渴望和憧憬读书学习，你就会赢得学习的好感，也会得到学习丰厚的馈赠。任何时候任何人都需要学习，尤其是在如今这个发展速度非常之快的时代里，我们只有不断地学习，才能超越和成就自己，才能真正地主宰命运、把握人生！

踩着挫折不断成长

常言道，人生不如意十之八九，实际上在学习的道路上，我们也常常会遇到坎坷挫折，甚至会遭遇各种各样的阻力。有的时候，我们非常想在学习上达到一定的阶段，或者做出一定的成就，但是我们不管多么努力，就是做不到，也常常为此而懊丧，甚至怀疑自己是否真的适合学习——难道自己天生就不是学习的材料吗？不要这么消极悲观，心理学家经过研究发现，大多数人的先天条件都是相差无几的，这也就意味着除了天生就很擅长学习或者天生就不擅长学习的少数人之外，我们绝大多数人对于学习的天赋都是相同的。既然如此，别人能做的事情，我们当然也能做到。我们越是在学习上遇到障碍，越是要勇敢地努力前行，这样才能不断地历练自己，让自己变得更加强大。

对于强者来说，挫折就是阶梯，他们可以踩着阶梯不断向上攀升，努力前进；对于弱者而言，挫折就是一个黑洞，他们常常被挫折吞噬，就此沉沦。由此可见，挫折本身并不可怕，可怕的是消极的人面对挫折所采取的消极态度。正如人们常说的，心若改变，世界也随之改变，我们面对挫折时，是怀着积极的心还是总是充满绝望，对我们与挫折的相处起到决定性的影响和作用。

尽管人人都知道困难是人生的学校，挫折是人生的垫脚石，但是当打击真的来临的时候，还是有很多人会觉得很无力。尤其是在如今，很多孩子从小都是被父母娇生惯养养大的，他们的承受能力很差，自我康复能力也很差。作为孩子，要想以强者的姿态面对人生，我们除了要有健康的体魄之外，还要有坚强的精神，绝不要随随便便就缴械投降，否则注定只能成为人生的弱者，也注定只会在人生之中碌碌无为、平庸无奇。

刚过完圣诞节，圣诞节的气氛还很浓郁呢，一名12岁的女孩，就以跳楼的方式结束了自己如花的生命。事情的起因很简单，女孩在初一的月考中没有取得好成绩，因为一直以来爸爸都非常看重分数，所以她很害怕自己因为成绩不好被爸爸责骂。思来想去，她决定篡改试卷的分数。然而，爸爸早就练就了火眼金睛，在审阅女孩的试卷时，爸爸没有和很多家长一样看也不看地就在试卷上签字，而是认真地检查试卷上哪一道题目做错了、哪个知识点掌握得不好。结果，爸爸看着看着就看出门道来了，他发现女孩居然私自篡改分数，气得狠狠批评了女孩。女孩很生气，告诉爸爸自己之所以篡改分数是因为怕他生气，而爸爸则坚持说篡改分数比考试成绩不好更糟糕。在一番争执之后，女孩赌气回到自己的房间，一个晚上都没有出来。

次日清晨，爸爸早早地起床给女孩做早饭，喊女孩起床吃饭去上学，却发现女孩的房间床上空空如也，根本没有人。爸爸心中升腾起一种不好的预感，赶紧出门四处寻找女孩，结果在楼下的空地上发现了女孩的遗体。

因为考试没考好还篡改分数，以致被爸爸批评，已经12岁的女孩选择以这样决绝的方式表达对爸爸的不满，表达对这个世界的生无可恋。有人说是爸爸的管教方法不对，实际上却是如今的孩子心理太脆弱，连一点小小的打击和挫折都不能承受。这样的孩子小时候在父母的庇护下成长，等到有朝一日长大成人之后，又要如何面对这个残酷的世界呢？在熙熙攘攘的社会生活中，又有谁会和父母一样对他们言听计从，无条件满足他们的所有需要，且总是无私地包容他们呢？即使父母再爱孩子，终究有一天，孩子也要长大，也要独自去面对这个残酷的世界，如果不能循序渐进地成长和成熟起来，就必然会受到生活的冲击，也会造成很严重的后果。

谁的人生不曾遭遇挫折，谁的人生不曾泪流满面，谁的人生不曾感到绝望？然而，只要熬过这艰难的一切，我们就可以真正强大起来。记住，那些打不倒我们的，终究会让我们变得更加强大。既然如此，在与命运的博弈中就不要轻易放弃，而是要咬紧牙关挺住，最终成为真正的胜利者，扼住命运的咽喉。

当觉得无路可走时，请与知心好书相伴

尽管我们要以坚强的姿态战胜挫折，但是很多时候，命运还是会把我们玩弄于鼓掌之中，甚至让我们觉得人生进入绝境，前面无路可走。

有的时候，我们也会因为各种莫名奇妙的情绪混杂在一起，而觉得心情阴沉得似乎能拧出水来。这样的压抑，就像是雷雨之前的天气，因为气压很低，让人感到极其难受。当现实和情绪都这样如同即将倒闭的墙向我们倾斜时，我们在紧张绝望之余，如何做才能宣泄情绪，让自己心中的阴云散去，投射进来丝丝缕缕的阳光呢？如果你爱读书，你就会知道这时该怎么做。因为一本知心的好书就像良师益友在对我们谆谆善诱，很快就能平复我们的情绪，舒缓我们的紧张和焦虑。如果你不爱读书，那么也没关系，不如去书店为自己选购几本书，没有任何的标准，只要你喜欢看就好。

很多时候，抑郁的心情就像是南方阴雨连绵的天气，很难一下子就恢复晴朗。为此，我们要想驱散心灵的阴霾并不比驱散雾霾更容易，只有找到阳光穿透乌云，我们才能在生命历程中获得更大的张力，才能保持平和的心境，继续一往无前地面对这一切。也许有人会说：小孩子，哪里有那么多不开心的事情！的确，在很多成人的心中，孩子就是无忧无虑没有任何烦恼的，这是因为成人总是先入为主地揣测孩子。而作为成人，如果能够真正了解孩子内心的所思所想，他们就会知道孩子也是有很多烦恼的，也常常会面临不如意。当然，有的时候身边的人并不了解也不可能理解我们，在这种情况下一味地求抱抱、求理解，往往很难。我们所要做的就是从书籍之中寻找心灵的慰藉，这样才能在读书的过程中变得更加安静和从容。

那么，什么叫知心好书呢？实际上，一个人随着心情的不同，喜欢的书籍风格也会发生转变。例如，一个人平日里喜欢读小说，但是当心烦气躁的时候，他往往没有那么多的耐心和闲情逸致读小说，为此更加喜欢读散文。因为和烧脑的小说相比，散文短小精悍，表情达意温和细腻，就像一个人正在我们的耳边窃窃私语，就像在和好朋友促膝长谈，所以更能够安抚我们的心灵。根据心情的变化，选择最适合自己心境的书去读，这就是寻找知心好书的第一要素。

有了一本合适的书后，如何才能与书知心呢？很多人对于看书怀着敷衍了事的态度，总觉得看书又不是和人交谈，无须促膝长谈，随便翻翻也很好。实际上，看书是需要用心的。每当我们打开一本书，就相当于是在和书的作者进行灵魂的对话。为此，不要小看沉默不语的书，而要更加敞开心扉去接纳书，并回应作者灵魂的呐喊，才能更加用心，更加走心。看书一定要专心致志、全神贯注，不要三心二意、心神不宁。也许我们捧起书本已经很长时间，仍觉得无甚收获，但是只要看到一句能够触动心灵的话，就会有很大的收获。

最后，不忘初心，方得始终。为什么而读书，读书的目的是什么？这是不能忘记的。如果因为沉浸在书香的世界里而忘记了自己该做的事情，或者耽误了着急去做的事情，那就是得不偿失的。读书不能忘记生活，也不能迷失自我，只有不断地成长，努力地进取，在书香浸润的世界里圆满自己的本心，达到自己梦寐以求的结果，才是最重要的。

第2章

业精于勤而荒于嬉，会读书更要勤读书

古人云，业精于勤而荒于嬉。作为孩子，我们不但要会读书，更要坚持勤奋读书，这样才能让自己始终保持最好的读书状态，不断地学习和成长，不断地努力和进步。这个世界上并没有天生聪明的人，古往今来，那些伟大的、成功的人，无一不是非常勤奋、坚持努力的人。天才在于积累，即使一个人天资很普通，只要坚持勤奋，也能够变得充满智慧。

你每天几点起床

作为一名学生,你有自己的闹钟吗?也许有的孩子会说:现在谁还用闹钟啊,不都用手机定闹铃吗!那么,你有自己的闹铃吗?你的闹铃周一到周日是同一个时间点响起吗?或者,如果你的闹铃周末响起的时间和平日里不一样,那么周末会比平时推迟多久呢?当然,闹钟的作用不仅是做起床铃声,还可以为我们完成既定的学习任务限定时间,从而提升我们的紧迫感,帮助我们争分夺秒地珍惜时间。

曾经有时间管理专家为我们指出,孩子要想在学习上始终保持稳定的节奏或上升的趋势,或者只是为了能够每天都按时起床,就不要总是在周末的时候把闹铃的时间调整得很晚,而是应该和平日里一样起床。退一步而言,哪怕平日里睡眠不足,周末需要补充睡眠,也不要起得太晚。在和平日里一样坚持按时睡觉的基础上,只需要比平日里晚起一个小时,就可以补充睡眠。否则,如果在周末的早晨睡到日上三竿才起床,那么一个上午的时间就会过去,整个周末也会从完整的一天变成半天。由此可见,要想充分利用周末的时间,早睡早起很重要。

如今,有很多孩子都有拖延的坏习惯,他们不管是对于生活还是对于学习,始终都不愿意把事情做在前面,而是等到很多事情都非做不可的时候，才会努力去做。不得不说，这对于孩子而言是极其糟糕的一种行为习惯。也许一两次拖延并不会对孩子的生活造成严重的影响，但是当孩子养成拖延的坏习惯，不管做什么事情都想无限拖延下去的时候，拖延对于生活的恶劣影响就会显现出来。当然，孩子拖延的原因各不相同，除了因为胆怯而拖延之外，大多数孩子拖延都是因为没有时间观念。为此，一定要形成珍惜时间的意识，形成时间观念，才能戒掉拖延，才能让自己果断地行动起来。

李嘉诚是香港首富，但是他在童年时期的生活是非常艰苦的。因为自幼家贫，李嘉诚14岁时就不得不离开学校，四处打工，以此来养活家人。李嘉诚还很倔强，不愿意依靠别人的帮助来生活。他的舅舅有一家钟表公司，但是他拒绝去舅舅的钟表公司上班，而是四处找工作，最后凭着自己的努力在一家茶楼里找到工作，为客人端茶倒水，当一个小伙计。

李嘉诚这份工作很辛苦，每天清晨，他都要在5点之前赶到茶楼，做好准备工作。因为担心迟到，他还特意把闹钟的时间调快了10分钟，这样一来，他每天都能最早到茶楼，最早开始工作。自从养成了珍惜时间的好习惯，李嘉诚此后的闹钟时间始终都比标准时间快10分钟，这让李嘉诚总是在与时间的赛跑中超前10分钟。正是凭借这种领先于时间的优势，李嘉诚才能不断地努力进取，才能在人生之中获得如此伟大的成就，收获丰硕的人生。

把时间调快10分钟，这听起来很容易做到，但是我们需要做的不仅是调快时间这么简单，而是要在时间的催促下加快速度，把自己做很多事情的节奏都变得更快，这样才能真正地跑在时间前面，最大限度地利用好时间。

时间，是组成生命的材料，浪费别人的时间等于谋财害命，那么浪费自己的时间呢？这等于浪费生命。对于孩子来说，固然年纪还很小，生命的光阴还有很多，但是时光催人老，时间总是在人们不经意间悄然流逝，为此，我们要珍惜时间，才能最大限度地拓展生命的宽度，让生命变得充实且美好。闹钟是个好东西，不但可以帮助我们按时起床，还可以帮助我们珍惜时间。让我们好好利用闹钟吧，只有形成时间意识，养成珍惜时间的好习惯，我们才能跑在时间前面，在与时间的赛跑中取胜！

书山有路勤为径，学海无涯苦作舟

业精于勤而荒于嬉，这是韩愈在《进学解》中留给世人的启迪和告诫。这句话告诉我们，一个人要想在学业上有所成就和发展，就一定要坚持勤奋付出，努力进取，如果总是把时间用来嬉笑打闹，则学业就会渐渐地荒废，早晚会因为松懈而变得很糟糕。其实，如果你还记得小学的时光，你就会知道在小学生的作业本上始终都写着一句话——书山有路勤为径，学海无涯苦作舟。这也告诉我们，学习必须勤奋，成功才有路径可以抵达。一个人如果非常懒惰，常常拖延，也不愿意付出辛苦的努力，那么，即使再怎么聪明，也无法在学业上有所成就，更无法达到学业的巅峰。

成功是没有捷径的，世界上从未有一蹴而就的成功，也没有天上掉馅饼的好事情，更何况是本身就需要点滴积累、持之以恒才会有成果的学习呢？自古以来，那些在学业上精进的人，都是读书非常努力刻苦和坚持用功的人。也许有人会说，成功需要天时地利人和，的确，要想成功需要具备的因素有很多，但是唯独努力用功是一切成功中必不可少的因素。任何人，要想成功就必须非常勤奋努力，否则一定会与成功绝缘。

马可尼家境优渥，父母在他很小的时候就为他聘请了家庭教师，而且为他打造了私人图书馆。为此，马可尼尽管从未去过学校和大多数普通孩子一样接受正规系统的学校教育，但是他拥有良好的学习环境。在私人图书馆里，马可尼可以接触到关于各门学科的书籍，在知识的海洋里遨游的时候，马可尼尤其喜欢读关于物理的书籍，而且对于物理学的电磁学知识表现出浓郁的兴趣。母亲很敏感，在发现马可尼的兴趣之后，当即聘请了一位大学物理教师当马可尼的私人老师，为马可尼讲解关于物理学的知识。得到老师的指导和帮助之后，马可尼不再仅仅满足于读书，还开始进行电磁实验。

后来，马可尼知道赫兹测试出几米之外的电磁波，为此决定要找到更加灵敏的仪器，从而在更远的地方测试出电磁波。在经过很多次试验和坚持不懈的努力之后，马可尼终于在楼下测试到了楼上的电磁波。获得小小成功的马可尼，后来更是把电磁波发送到2千米之外的地方，并且成功研制出了第一台无线电。

一个人不管是否有天赋，不管生活条件是否优渥，都要非常努力和勤奋，才能在学习的道路上越走越远，才能勇攀学习的高峰。马可尼的家庭可谓非常富裕，为此他才可以在家里接受家庭教师的教育。但是如果他自身不够勤奋，即使家庭教师给他提供再好的教育，他也无法到达知识的巅峰。

古往今来，很多成功的人都是非常勤奋的人，他们正是因为在学习的道路上孜孜以求，才能不断攀升，提升自己的实力，获得更好的成长。作为孩子，坚持学习尽管很辛苦，却一定要坚持。因为只有持之以恒、坚持不懈，我们才能在成功的道路上努力进取，获得更加长足的进步和发展。

时间就像海绵里的水

如今的社会生活节奏非常快，很多成人都会抱怨没有时间，而孩子面对繁重的学习任务，也会抱怨没有时间。那么，时间都去哪里了呢？正如大文豪鲁迅先生所说的，时间就像海绵里的水，只要愿意挤，总还是有的。为此，不要觉得没有时间，只要合理利用时间，珍惜点点滴滴的时间，就总还是能够节省出时间来，做自己想做的事情。

当我们抱怨没有时间的时候，只有很少的可能是真的没有时间，而大多数情况下都是在找借口逃避用功。时间对于每个人都是公平的，从来不会因为任何人而多一分，也不会因为任何人而少一秒。为此，当身边的人都能忙碌而又充实地学习时，我们是不应该抱怨自己没有时间的。

放学回到家里，妈妈给乐乐布置了几页课外习题。原来很快就要期中考试，而乐乐常常在数学方面出现粗心导致的错误，有的时候也会因为没有上课外班、做题目比较少，而导致见到的题型少，所以偶尔会遇到没见过的题目。为此，妈妈要求乐乐直到期中考试前都要坚持做题目。

看到妈妈拿出题目，乐乐马上表示抗拒："学校里的作业都很多，再加上课外作业，我还哪里有时间啊！每天上学都要累死了，回到家里也不让我休息。"对于乐乐的这番话，妈妈早有准备，她很坚持："我早就问过你们班级里其他同学的爸爸妈妈，你的大多数同学每天回到家里就抓紧时间写作业，完成课外作业只需要两个小时，到6点半之前肯定能完成。他们吃完饭之后，要从7点半写课外作业到9点半，所以你就不要抱怨了，我给你布置的课外作业，肯定不需要两个小时就能写完。"听到妈妈说得言之凿凿，乐乐无话可说：原来，我每天拖延完成学校里作业的小把戏，被妈妈识破了呀！后来，妈妈还要求乐乐在完成校内和课外的作业之后抽出半个小时的时间读课外书。其实，乐乐就是不愿意写多余的作业而已，他还是很喜欢读课外书的。为了有更多的时间读课外书，他还主动加速完成作业呢！

从乐乐的表现可以看出，他对于自己喜欢做的事情，就能挤出更多的时间去做；而对于不喜欢做的事情，他就不愿意去做，甚至会故意拖延时间。为此，孩子们再也不要抱怨没有时间，而要首先反省自己是否真的喜欢做某件事情，唯有如此，才能全力以赴地做好该做的事情。

当然，为了让自己抽出时间来读书和学习，还应该激发自己对于读书的兴趣，这样一来，才能激发出对于学习的内部驱动力，并对激励学习、激励读书起到更好的作用。在现实生活中，每个人都面对很多的诱惑，尤其是孩子本来就很喜欢玩耍，也有贪玩的本性，和相对枯燥乏味、需要付出极大努力的学习相比，他们当然更愿意无忧无虑、全身心投入地玩耍。只有拥有强大的学习内部驱动力，孩子们才能全力以赴地做好该做的事情，才能在成长的道路上控制好自己，抓住宝贵的时光努力学习。也许一开始坚持挤出时间来读书和学习是很困难的，但是日久天长，当养成坚持学习的好习惯后，我们就可以把学习当成顺理成章的事情，对于学习的坚持也会变得很容易。当真正爱上读书的时候，我们还会爱上阅读，做到手不释卷呢！

治愈懒惰和拖延的病

从执行独生子女政策开始，大多数家庭里都只有一个孩子，为此父母和长辈会把所有的爱都投放到孩子身上，也会对孩子有求必应，无限度地满足孩子的一切要求和需求。在这种情况下，孩子无形中就会形成以自我为中心的思想，也会觉得父母理应满足他们的所有欲望，为此变得越来越懒惰。然而，孩子终究要长大，不可能一直留在家里接受父母无微不至的照顾，而总是要在成长的过程中面对生活，也要为自己的人生负责。例如，当孩子走入学校后，他们就要独立学习，在老师的教授下掌握更多的知识。然而，和接受照顾和爱相比，学习当然是很辛苦的，需要孩子坚持付出，也需要孩子勇敢战胜学习中的各种困境和难题。为此，有些孩子对于学习表现出懈怠和懒惰，而父母则将其称为本性。殊不知，懒惰是一种"病"，是可以治愈的。随着懒惰的坏习惯愈演愈烈，孩子还会各种拖延，导致自己在时间面前呈现出被动的状态，这对于孩子的成长来说是非常糟糕的。

因此，孩子一定要对自己高标准严要求，不能看到身边的人以懒惰为借口替自己开脱，就自称拖延症患者。孩子正处于学习的黄金时期，正是需要以知识充实自己的心灵、帮助自己成长的关键时期。为此，本着对人生负责的态度，孩子们一定要打起精神来勤奋刻苦地学习，而不要总是在学习过程中懈怠。

成人有工作，需要忙碌，而对于孩子而言，学习就是他们最重要且紧急的任务。为此孩子要以学习为优先，在提升自立能力的同时，要全力以赴地提升学习成绩，把学习搞好，这样才能让自己获得提升和进步，让自己更加强大。当然，学习何时开始都是不晚的，每个人除了要在学校里接受系统的学习之外，还要在学校之外多多阅读课外书，拓宽知识面，让自己取得更加长足的进步。现代社会提倡终身学习，若孩子在学校里接受系统学习之余，还能主动学习课外的知识，那么他们即使在走出校园之后，也会保持学习的好习惯。

当然，懒惰是人的本能之一，也是人进步和成长的头号敌人。人人都想躺在安逸舒适的沙发上看电视，然而，电视不会让我们充实，也无法使我们成长。只有戒掉懒惰的恶习，当机立断地做好自己该做的事情，才能珍惜时间，把时间的利用率最大化。不要以懒惰是本能为借口来逃避，要知道，懒惰是一种病，只有在极大的决心之下坚持治疗懒惰，坚持把懒惰赶走，我们在人生之中才能当机立断地行动起来，才能获得更多的收获和成长。从某种意义上来说，人就像机器一样，在最初起步的时候，一定需要预热，也许会很慢，但是随着不断运行，节奏就会越来越快，运行也会更加顺畅。为此，在一开始戒掉懒惰的时候，我们要给自己一个适应的过程，可以循序渐进，等到我们最终适应了紧张忙碌且充实有序的生活，我们就会爱上这样的生活状态，也会从中获益良多。

利用好碎片时间

在如今快节奏的生活中，每个人都很充实，要想腾出大段的时间来做事情，除非是本来就安排好的事情，有相对应的时间可以利用，否则很难。在这种情况下，是否就意味着想要读书和学习就不可能呢？当然不是。做衣服有整块的布料固然好，但是如果家里很穷，没有整块的布料可以用，巧手的人也可以利用碎布料拼凑出一件衣服，看起来独有韵味，而且同样能达到保暖的效果。从这个角度而言，学习也是可以利用碎片时间进行的，零碎的时间分散起来看都很短暂，且无法做出很大的事情，但是一旦拼凑起来，就会很可观，而且在积少成多坚持努力之后，就会产生让人震惊的效果。

那么，零碎的时间具体指的是哪些时间呢？顾名思义，零碎时间就是除了整块时间之外的小段时间，例如几分钟、十几分钟的时间，就像每天蹲马桶的时间、等公交车的时间、上学来回路上的时间、排队打饭的时间等。这些时间看起来都很短暂，但是只要把这些时间整合起来，时间效用就会非常强大。当然，这些零星的时间并不适合用来做那些需要长时间投入才能做好的事情，但是可以用来见缝插针，做好很多小事情。例如，对需要完成的作文进行构思，或者是背诵几个单词，或者是阅读几页书。这样积少成多，渐渐地就能够由量变引起质变，最终实现质的飞跃。

妈妈为六岁的小飞购买了《窗边的小豆豆》。小飞识字很多，所以可以囫囵吞枣地看这本书。但是，毕竟这本书没有那些图片丰富、颜色鲜艳的绘本趣味性强，因此小飞不是很愿意读。妈妈觉得书很好看，为此就把书放到挨着马桶的洗衣机上，上厕所的时候就会看看书。渐渐地，小飞也养成了进入厕所就看书的习惯，一个月下来，小飞居然读完了整本的《窗边的小豆豆》，这让妈妈惊喜不已。妈妈借此机会引导小飞："小飞，读书一定要见缝插针。你看看，你用了一个月的时间，就把书读完了。认真仔细地去看，书还是很有意思的吧！"小飞对妈妈点点头，说："之前我觉得这种没有图片的书不好看，不过看着看着就觉得很有趣。"妈妈对小飞竖起大拇指说："其实，还有很多这种零碎的时间可以用，例如可以在坐车去上学的时候，听一听英语。也许一天两天看不出效果，但是坚持的时间久了，就会有一定的改变，在英语听力和说的能力方面，都会有显著的进步。"

在妈妈的引导下，小飞小小年纪就养成了珍惜时间的好习惯，而且他把碎片时间利用得非常好，在学习方面也有优秀的表现。例如他常常会利用课间背诵课文，这样一来，等到回家的时候，他就已经基本完成了背诵课文的作业，也就可以节省完成作业的时间，有更多的时间来读书。

除了要形成时间意识，养成珍惜时间的好习惯之外，还要学会见缝插针，利用好碎片时间。毕竟每天的时间都是有限的，除了吃饭睡觉和上课听讲之外，对于孩子而言可以利用的大段时间很少。但是学习不是一蹴而就的，而是需要点滴积累，才能最终看出效果的。为此，孩子一定要养成珍惜时间、合理利用碎片化时间的好习惯，这样才能积少成多，聚沙成塔，才能有的放矢地完成学习任务，并拓展知识面。

囊萤映雪的故事告诉我们，一个人只要想读书，热爱读书，总能找到读书的好方法，也总能想方设法去读书。所谓只为成功想办法，不为失败找借口，这句话告诉我们，只要愿意读书，就能找出办法挤出时间读书，爱学习的人，可以战胜一切的学习障碍，也可以超越很多的学习困境。从现在开始，不要再因为时间短暂而放弃利用时间，短暂的时间尽管不适合用来做大事情，但是用来做零星的小事情还是可以的。日久天长，我们一定会从零碎时间里得到极大的收获。

读书要有计划

如今，很多人都意识到坚持读书的重要性，因此上自教育部，下至学校，很多教育工作者都在致力于培养孩子热爱阅读的好习惯。为此，教育部还特意制定了书单，以适应各个年龄段的孩子读书的需求。当然，这个书单只是针对大多数孩子的识字量和阅读习惯指定的，而针对具体的孩子，根据每个孩子识字量和阅读进展速度的不同，也要进行调整。例如有的孩子此前从不读书，那么就要由简单的书开始读起。有的孩子则从小就喜欢读书，而且阅读量很大，那么就可以稍微超前。总而言之，读书可以按照书目进行，也应该根据自身的情况进行调整，这样才能做到符合自身的实际情况，多读书，读好书。

读书从来不是一件随心所欲的事情，尽管古人说开卷有益，但是，只有在经过筛选和合理计划之后有目的地读书，才能提升读书的效率，才能保证学习有条理。如果总是随便读书，没有系统性和条理性，就会导致通过读书学习到的内容混乱不堪，无法对我们起到提升的作用，也无法促进我们更好地成长。

其实，不仅读书需要计划，做很多事情都需要计划作为指导，才能按部就班、有的放矢地进行。那么，如何制订读书计划呢？这就需要我们多多用心，从而在计划的过程中做到目标明确、有条有理。大名鼎鼎的作家萧乾曾经写过一篇名为《读书要有计划》的文章。在这篇文章里，他提出了非常有效的建议，可以作为我们制订读书计划的指导。首先，要对书籍进行分类。有些书籍是开展工作、提升业务能力需要读的；有的书籍是为了消遣怡情而读的，最好有茶或者咖啡相伴，沐浴着阳光或者月光去读；有的书籍是可以放在厕所里，在上厕所的时候百无聊赖，逼着自己去读的，这类书不着急读，内容也有些枯燥；有的书籍是要放在枕头旁边，与睡眠相伴的；还有的书籍作为工具使用，要放在随手能够拿到的地方，以便于学习使用。总而言之，不同的书有不同的用途，也应该在不同的时间阅读。只有把书籍进行合理分类，在制订读书计划的时候，才可以在相应的时段里安排读最合适的书，从而收到最佳的效果。

制订计划除了要对书籍进行分类之外，还应该把大段的时间进行合理安排。例如每天晚上如果没有其他的事情需要做，就会有两个小时左右的时间可以用来读书；周末的时候，如果没有活动要参加，也可以偷得浮生半日闲，用来读书。在制订读书计划的时候，还要考虑到学校里课程的安排和作业任务的完成情况，给自己留出足够的时间完成作业，再去读书。还可以把要读的书分为必读书目和爱读书目，也可以分为文学经典和漫画书系列等。这些分类和时间安排都要根据自身情况进行，以求取得最好的效果。

古人云，书非借不能读也，因为人们对于自己已经买回家的书往往没有紧迫感，不会抓紧时间去读。从心理学的角度来说，人的自制力是有限的，为此读书也往往需要外力的作用，那就是制订计划，给自己限定时间，从而争取在规定的时间内读完一定数量的书，这样读书的效率就会大大提升。

计划的制订，既要有长期计划，如在一年的时间里要读多少本书，也要有中短期计划，如每个月要读几本书，再具体到每天要读多少页书。这样一来，才能保证整个读书计划稳定地向前推进，收到良好的效果。否则，只是想一想读书，而不能把读书计划贯彻执行，则很难保证读书的质量，也无法让自己如愿以偿，完成读书目标。书，非借不能读也，读书，非计划不能读也。除了纯粹消遣的读书之外，有计划的读书会让我们读书取得更好的效果，也会让我们在读书的过程中获得更多的收获和更快速的成长。

学而时习之

学习,看似只是简简单单两个字,实际上要想真正把学习学好,却不是那么简单容易的事情。对于每个人而言,学习都有着重要的意义,尤其是在如今的时代里,每个人更是要坚持学习,才能不断地提升和完善自己,才能增强自己的实力,让自己的人生充实而又精彩。古人云:"学而时习之,不亦说乎。"的确,所谓学习,就是学了之后还要勤于练习,这样才能让学习达到最好的效果,才能巩固学习的成效。学习是相辅相成的,不能唯分数论,而应对学习有综合的考量,争取全面发展,才能达到最佳的效果。

现代社会,全民都进入教育焦虑时代,父母对于孩子的教育问题过度紧张,并把这种情绪传染给孩子,导致孩子也看重分数,而忽略了对于自身能力的培养。前文就曾说过,喜欢读书远远不够,还要会读书,把书读好,才能收到积极的效果。学而时习之,正是为了把所学到的知识加以应用,从而更加深入地理解知识。很多孩子看起来在学习方面效率很高,甚至在短时间内就能学到很多知识,但他们实际上只是对知识囫囵吞枣,并没有把知识消化吸收。这么做的直接后果就是,对于知识只知道一二,不知道三四,为此常常会导致自己陷入被动的状态,也总是会让自己对于学习没有良好的把控。

学习的目的是什么,这是莘莘学子都应该弄清楚的。学习绝不只是为了在考试中考取好成绩,考试只是检验孩子学习效果的重要因素之一,而绝不是所有的衡量和评价标准。为此,不要为了考试而学习,而要始终不忘初心,把学习到的知识加以灵活运用,才能把知识发扬光大，才能让学习对于我们的人生起到积极有效的作用。

有一个男孩曾经被人们称为神童。他2岁时，就认识一千多个汉字；4岁时，就学完了初中的课程。此后，他在学习上一路高歌猛进，13岁时，就以优异的成绩考入了湘潭大学物理系。17岁，他更是让所有人瞠目结舌，居然考入中科院高能物理研究所，开始硕博连读研究生课程。然而，也许造物主把他所有的才华都分派在学习方面，为此他的生活自理能力非常差，在进入中科院高能物理研究所之后，他与很多成人成为同学，却因为心智发育不够成熟，也因为缺乏自理能力，并且他在知识结构方面也很单一，无法适应中科院的研究模式，而最终被中科院退学。

看到这个神童在学习方面表现出的独特天赋，一定有很多人非常羡慕他。然而，再看看神童的结果，一定也会有很多人感慨唏嘘。对于这个神童而言，他在学习上出类拔萃的表现，就像是盖楼没有打地基，只有高楼在风中摇摇欲坠一样，他也因为缺乏基础知识的铺垫而导致自身的发展陷入困境，甚至随时都有倒塌的可能。

学习，绝不是一味地努力向上，而是要全方面综合发展，这样才能为学习奠定坚实的基础。此外，在学习的过程中也要不断地练习，把所学到的知识加以灵活运用，这样才能让学到的知识不断地得到巩固，从而为未来继续学习新的知识打下坚实的基础。我们学习知识绝不是用来死记的，而是要采取必要的程序和手段将知识激活，知识才能对我们的学习和成长起到积极的作用。否则，如果只顾着堆砌砖瓦，而不能加以黏合剂将砖瓦黏合起来，再加以钢筋混凝土加固结构，则高楼大厦建造越高，越是容易倾倒。古人云，欲速则不达，对于很多事情而言，越是盲目追求速度，违背事物本身的发展规律，越是容易导致退步。有的时候，快就是慢，有的时候，慢就是快。常言道，贪多嚼不烂，我们一定不要过于贪心，而要对学习稳扎稳打。掌握了一些知识之后，一定要努力认真地学以致用，勤于练习，只有这样，才能对知识进行消化吸收，才能更加牢固地学习和掌握知识，让学习事半功倍。

第3章

让读书变成兴趣,品味读书的快乐

常言道,兴趣是最好的老师。很多孩子都不喜欢读书,因为他们从未在读书的过程中品味到读书的快乐。也有很多孩子特别喜欢读书,他们从读书中感受到心灵的充实和莫大的乐趣,因此对于读书产生了浓厚的兴趣,才能做到手不释卷、废寝忘食地读书。

遵循心的指示，以兴趣作为老师

每个人都是这个世界上与众不同的存在，每个人都有自己的兴趣爱好，也常常表现出独特的偏好。为此，在无忧无虑的童年时代，我们往往会遵从心的指引，做自己想做的事情，感受内心的喜爱。然而，随着不断的成长，我们从感性变得理性，也从随心所欲变得更加具有自控力。对于那些需要而不喜欢做的事情，我们也会告诉自己努力去做好，但是比起做感兴趣的事情，总是少了一些温度和激情，为此结果也会有或大或小的差异。

常言道，兴趣是最好的老师，这句话非常有道理。在兴趣的引导下，我们会更加贴近于内心的喜好，在兴趣的引导下，我们即使遭遇坎坷挫折，也不会轻易放弃。因为兴趣让我们在做的过程中更加感受到快乐和满足，也让我们的内心获得充实感。所以不要因为眼前的小小利益就让自己屈服，而是要始终遵从内心，在兴趣的指引下更加全身心投入地学习和读书。当然，一部分兴趣是天生的，有天赋的影响在发挥作用，也有的兴趣是后天培养起来的。对于自己原本不感兴趣的事情，只要努力去做到更好，激发自己对于这件事情的喜爱，就会有更好的成长和更大的进步。没有兴趣的孩子也无须感到紧张和焦虑，只要深入了解自己，就可以渐渐发现自己的兴趣所在，也可以有的放矢地发展兴趣，让兴趣在自己学习和成长的过程中发扬光大。

法国大名鼎鼎的昆虫学家法布尔从小就很喜欢昆虫,为此走上了研究昆虫的道路。法布尔从小就生活在一个偏僻的小村庄里,为此他每天的主要生活内容就是去山野里玩耍,也在不知不觉间熟悉和了解了很多昆虫。正是这样的成长环境,让法布尔对于昆虫越来越感兴趣,有的时候夜幕降临,法布尔即便已经进入被窝准备睡觉了,也会因为听到新鲜的昆虫鸣叫声而起床去寻找。

7岁的时候,法布尔进入学校接受系统的学习。在各门学科之中,他最喜欢自然科学,在自然科学之中,他又最喜欢昆虫。有一次,法布尔从父亲那里得到一本关于昆虫的图集,看着画面上印刷精美的昆虫,读着介绍昆虫的文字,法布尔对于昆虫更加痴迷、更加热爱。小时候对于昆虫的兴趣,延续到了法布尔成人之后,他不管从事什么工作,都从未放松对于昆虫的学习和研究,正因为如此,他才能成为大名鼎鼎的昆虫学家,才能创作出举世闻名的有关昆虫的巨著。

若一个人对于自己所做的事情不感兴趣,他就不会深入研究,更不会刻苦钻研;而是会在稍微感到辛苦的时候就放弃,就不愿意继续吃苦。相反,若一个人对于自己所做的事情有浓郁的兴趣,那么他即使排除万难也要研究透彻,即使遭遇艰难险阻也绝不轻易放弃,会一直努力坚持,在坚持的过程中守得云开见月明。

总而言之,兴趣是最好的老师,我们与其花费宝贵的时间和精力去做自己不喜欢的事情,不如选择做自己感兴趣的事情,或者也可以主动激发自己对于所做事情的兴趣,这样才能让自己具有强大的力量去学习,并最终做出优秀的成绩。

做感兴趣的事情，事半功倍

做不感兴趣的事情，事倍功半，换而言之，努力付出了很多却未必能得到想要的结果；做感兴趣的事情，事半功倍，换而言之，付出努力会取得更好的成效，结果自然也让我们更满意。那么你是选择做不感兴趣的事情，还是做感兴趣的事情呢？显然，每个人都会选择后者。也许有人会疑惑：如果我对什么事情都不感兴趣呢？这是不可能的。在诸多的事情之中，你一定会对特定的事情表现出偏爱，而不会对所有的事情都表现出同样的厌恶和排斥。既然如此，就从这些事情中选出那些不那么讨厌和厌恶的事情，努力去做，尽量培养自己对这些事情的兴趣。渐渐地，你就会拥有感兴趣且擅长的事情，这岂不是一举两得吗？

还有些孩子会对兴趣存在误解，觉得只有那些学霸级的人物才会对学习感兴趣。其实不然。兴趣对于每个人而言都是平等的，人人都有自己感兴趣的事情，这一点毋庸置疑。为此，即使学习不好，也不要剥夺了自己拥有和发展兴趣的权利；而是要更加努力培养自己的兴趣，让兴趣带动自己对于学习的热爱。

作为英国大名鼎鼎的生物学家，蒂姆·汉特在生物领域作出了杰出的贡献。其实，汉特在很小的时候就表现出对生物知识的喜爱。他幼年阶段经常去牛津大学听讲座，他喜欢听各种各样的科普讲座，尤其对关于生物学知识的讲座很热衷。

11岁的时候，汉特就在生物学方面表现得出类拔萃，但是他在其他科目上越来越落后，尤其是在拉丁文的学习上，几乎成为全班倒数第一的学生。他很清楚自己在拉丁文的学习上永远也达不到在生物学方面的程度,为此自我调侃是最不擅长拉丁文的生物学家。然而,汉特是很幸运的,在同龄人都对学习浑浑噩噩的时候,他对于学习有明确的目标,也知道自己的浓厚兴趣表现在哪里。为此,他在兴趣和方向的指引下,全身心地投入对生物学的学习和研究。2001年,汉特发现了能够对抗癌症细胞的一种蛋白,为此获得了诺贝尔生理学或医学奖,走上了全世界至高无上的领奖台。

汉特与其他孩子的不同就在于,他很清楚自己喜欢什么,擅长什么,从而目标明确地朝着自己感兴趣的方向去发展。正是因为这样的坚定不移,他才能够在其他学科学习并不那么优秀的情况下,努力争取均衡发展,并成功地考入理想的大学,从而让自己有更好的条件和更为广阔的天地去发展兴趣爱好。

兴趣是最好的老师,很多人总是把兴趣和努力区别开来对待,却不知道只有把兴趣与努力结合起来才能获得长足的进步与发展。如果总是把兴趣和努力割裂开来,则难免会导致学习的环节被割裂,严重影响学习的效果。学习是一个综合统筹的事情,各个方面环环相扣,必须要非常努力,才能做到最好。兴趣固然是人在学习上表现良好的重要因素之一,却不是完全充足的条件。为此,在有了兴趣之后,我们还要更加努力坚持,勤奋刻苦,才能争取在学习上有好的成长和发展,才能距离梦想越来越近。

努力培养对阅读的兴趣

人是有天赋的，所以才会在很多事情方面表现出特别的兴趣，为此有人说兴趣是天生的。其实，这句话只说对了一半。因为除了天生的兴趣之外，还有后天培养的兴趣。这样的兴趣，是在不断成长的过程中形成的，通过不断的观察和了解自己，才能知道自己适合做什么、不适合做什么，从而有的放矢地去发展。

孩子不要总是说自己对这个不感兴趣、对那个不感兴趣，因为说得多了，自己也就当真了，真的觉得自己对什么都不感兴趣。实际上，兴趣是可以通过后天的培养不断形成的，尤其是阅读的兴趣，就像我们一开始不愿意和一个人说话，但是在经过一番沟通之后，意识到这个人是很幽默风趣的，也就有了谈兴，愿意与其交流。读书也是如此，一本好书，也许初见的时候不觉得相看欢喜，但是随着不断相处，交流越来越深入，就会发现书本的妙处，愿意坚持读下去，继续深入书中的世界。当然，有的孩子不是对于某一本书没有兴趣，而是对于阅读不感兴趣。在这种情况下，首先要培养阅读兴趣，先从喜欢看的书看起，在读过喜欢看的书之后，养成良好的阅读习惯，也就能够把书读好。

书籍是人类精神的食粮，也是人类历史的传承。时光不停地变迁，生命流逝，而书籍却能永存。书籍承载着人类的文明发展，记载了有史以来发生的很多事情，让今人可以了解古人，让足不出户的人也可以了解世界。书籍的魅力是无穷的，书籍的力量也是强大的。孩子要想快速地成长，拥有更多的知识与经验，就要多多阅读。人生短暂，很多事情我们不可能一一去体会，但是在读书的过程中，我们恰恰可以理解和体会书中人物的感受，与书中人物产生共鸣，这样一来，自然可以增加自身的经验，从而让生命的感受变得更加丰富。

除了阅读的兴趣可以培养之外，很多其他的兴趣也都是可以培养的。例如对于音乐、美术、表演等的兴趣。这就像年轻人谈恋爱一样，如果能够选我所爱当然好，如果不能，就要爱我所选，这样才能激发出自己的感情，与身边的人相依相伴。培养兴趣也是这样的道理，既然没有现成感兴趣的事情可以选择，不如就选择自己相对喜欢做的或者没有那么排斥和反感的事情，从而循序渐进地激发兴趣，把各种事情做得更好。

具体而言，培养兴趣要如何去做呢？首先，要对自己进行积极的自我暗示，要告诉自己人生有无限的可能性，我们一定会对某一件事情感兴趣，并且在兴趣的驱使下把事情做好。其次，培养兴趣一定要认真，不要总是三心二意，或者对于培养兴趣的事情怀着漫不经心的态度。对于人生中的每一件事情，我们要么不做，要做就一定要做好，这样才能感受到认真的力量。曾经有人说，你的认真，让世界如临大敌。的确如此，我们的认真，会让世界如临大敌。好钢用在刀刃上，只有认真的人，才能把大部分的时间和精力都集中起来，从而做好该做的事情。最后，还要怀着愉悦的心情。既然是培养兴趣，就想想你做喜欢做的事情时是怎样的心情吧！你一定欢欣雀跃，也一定满怀惊喜。对于感兴趣的事情，哪怕出现障碍和挫折，你也不会因此而让自己放弃，而是会更加努力进取，更加全力以赴，从而争取把事情做得更好。

心若改变，世界也随之改变。心若改变，我们对于原本不感兴趣的事情，说不定就会感兴趣，说不定就会非常愉悦地面对，并努力坚持做到最好。

从读书中感受快乐，才能对书籍爱不释手

读书是一件非常有趣的事情，因为世界如此广阔，充满了各种奇闻异事，而书籍恰恰能帮助我们博古通今，不但知道世界此刻正在发生的事情，也知道世界上曾经发生过哪些有趣的事情。这是最重要的，而且可以让我们充分领略到文字的魅力，感受到文化的历史厚重。

古往今来，很多伟大的人即使身处逆境，也从未放弃过读书和学习。他们虽然读书的条件很艰难，偏偏手不释卷，想尽一切办法去读书，也总是最大限度地提升和充实自己。正因为如此，他们才能超越人生的逆境和困厄，才能排除万难实现人生的理想和伟大志向。书籍不但是我们精神的食粮，也是我们不可或缺的人生力量源泉。很多人都读过《假如给我三天光明》，感受到作者海伦在面对人生的困厄时始终不屈服的顽强精神。读过这本书，我们的内心会升腾出一种力量：海伦耳不能听、目不能视，却能够坚持努力进取，作为普通人，我们为何不和海伦一样拼搏向上呢？我们有什么资格和理由放弃和沉沦呢？

除了感受到力量之外，我们还可以从很多书籍中感受到乐趣。有的书籍中记载了作者的生平趣事，或者是作者看到的很多奇闻异事，给读者也带来了身临其境的感受，让读者忍不住哑然失笑或者哈哈大笑。这样的书籍带给我们快乐和愉悦的心情，是我们不可多得的良师益友。

作为唐宋八大家之一,苏洵在学问上的造诣精深是有目共睹的。其实,苏洵能够取得如此伟大的成就,与他喜欢读书、总是废寝忘食地发愤苦读有着密不可分的关系。有一年过端午节的时候,苏洵自从早晨进入书房就一直没有出来,夫人知道他一定是读书读得痴迷,为此忘记吃饭了,因而特意煮了几个粽子,剥开皮,放在碟子里,送到苏洵的书房中。当然,夫人也没有忘记给苏洵送上白糖,还叮嘱苏洵要趁热吃呢!等到下午的时候,夫人想着苏洵一定吃完了粽子,为此去书房里收拾碗筷。没想到,一碟白糖丝毫没有减少,而粽子却没了。夫人很奇怪,赶紧问苏洵:"你吃粽子没蘸糖吗?"苏洵点点头,说:"蘸糖了呀!"说完,他抬起头看着夫人,夫人忍不住哈哈大笑起来。原来苏洵的嘴巴上全都是黑漆漆的墨水,他是蘸着墨汁吃粽子呢!

夫人问苏洵:"粽子好吃吗?"苏洵回答:"非常美味,又香又甜!"夫人说:"哦,原来你在全神贯注读书的时候,能把墨汁吃出甜味来呀!"

苏洵居然把墨汁当白糖蘸着吃,由此可见,他读书有多么专心。古人云,书中自有黄金屋,书中自有颜如玉,真正爱读书的人总是能够从书籍中得到更多、收获更多。一定要从小培养自己对于读书的兴趣,这样才能养成读书的好习惯,才能在读书的过程中丰富和充实自己的心灵,开拓眼界,并学会理性宏观地看待问题。

读书总是有乐趣的,古人云开卷有益,是说每个人只要打开任何一本书,都会有所收获。当然,人与人是不同的生命个体,为此每个人对于书中内容的关注点是不同的。为此,我们要找到最适合自己阅读的书籍,也要在读书的过程中始终非常坚持和努力,才能把书读好,才能真正感受到阅读的乐趣。即使你现在还没有领略到阅读的乐趣,也没关系,只要你继续坚持读书,终有一天会茅塞顿开,或者对某一本书相见恨晚,从而真正走入书籍的殿堂,也真正爱上阅读。

爱学习,才会乐于学习

一个不爱学习的孩子,总是对学习怀有排斥和抵触心理,为此他根本不可能做到爱学习、乐于学习,而是常常会在学习的过程中感到迷惘和无奈,也常常会在面对艰巨的学习任务时忍不住想要放弃。由此一来,他就会进入学习的恶性循环之中,导致学习的情况越来越糟糕。与此相反,若孩子们爱学习,就会对学习怀有积极的兴趣,为此,他们会在学习上有所收获,有所成长,进入学习的良性循环之中,对学习越来越积极主动。不得不说,这样的良好状态,会让孩子们的学习进入积极的正向循环之中,也能够鼓励孩子们再接再厉,继续把学习学好,这才是最重要的。

培养孩子们对于学习的兴趣是非常重要的,也是有利于孩子们积极学习、努力进取的。兴趣是最好的老师,在兴趣的指引和推动之下,我们才会更加有的放矢地面对学习,才能查漏补缺,让自己在学习方面有更加长足的进步。常常有孩子会说:"我对什么事情都有兴趣,只要不让我学习就行。"不得不说,正是这样先入为主的态度,让孩子们在学习方面陷入被动。要想激发对于学习的兴趣,孩子们就要端正学习态度,只有端正内心对于学习的看法,也认识到学习的重要性,真心接纳学习，才能不断提升和超越自己，获得长足的进步和发展。

和阅读的兴趣一样，学习的兴趣也是可以培养的。没有人天生就对学习感兴趣，孩子们更是如此，而且孩子的天性就是爱玩、贪玩。在这种情况下，如何培养对于学习的兴趣呢？首先，要让孩子学以致用。对于年幼的孩子而言，要想从理性角度来认识到学习的重要性，基本没有可能。为此，要引导孩子把学习到的知识进行灵活运用，使其对于生活起到积极的推动作用，这样才能激发孩子的学习热情，并让孩子意识到学习是很有必要的。孩子们往往很想展示自己的实力，学习恰恰满足了他们的这种欲望，也让他们更加独立。其次，要让孩子参与学习的竞争。人都有争强好胜的本能，都想在与他人的竞争之中占据优势，为此让孩子参与良性的竞争，对于促进孩子成长、激励孩子进取，有很好的作用。

爱学习，乐于学习，是每一个孩子都应该做到的事情。对于孩子们而言，一味地胆怯退缩，并不能让他们有更好的成长，只有在学习过程中不断强大自己，激励自己勇敢无畏，努力向前，才能让自己学习和掌握更多的知识，并提升自己，完善自己，让自己成为真正的强者，在人生的道路上勇往直前，无所畏惧。

当然，学习绝不是枯燥乏味的，一定要避免在学习之前就认定"这门课程没意思"。在深入学习一门学科之前，我们既可以更多地了解学科的背景，也可以了解这门学科里有哪些出类拔萃的人物，这些人物为了推动学科发展作出了哪些贡献。由此一来，原本很生硬的学科知识就会变得有血有肉，就会变得柔软生动。在此过程中我们要激励自己不断地深入学习，刻苦钻研，甚至可以主动再次验证那些伟大专家学者的发现，这样一来就可以让学习变得充满趣味性，也会让学习从劳神费力的定位中摆脱出来，变得生动有趣，使人兴致盎然。

有的放矢地解决偏科问题

很多孩子在学习上都存在偏科现象，这是因为他们对于每一门学科的喜爱程度有所不同，当喜爱程度相差很大的时候，就引起了偏科。当然，正常情况下，孩子们也是不可能每门学科都均衡发展，不同的学科之间花费的时间和精力不均等，或者不同的学科学习成绩不一样，这是很正常的现象，只要不是相差很大，就不算偏科。通常情况下，我们所说的偏科，指的是孩子的各门学科之间相差迥异，尤其是对于某一门自己不喜欢的学科，就会学得很差。这样一来，就像一只木桶有了短板一样，会限制和禁锢孩子的发展，也使得孩子在学习过程中无法做到均衡全面地发展。

孩子为何偏科呢？或者是对于某一门学科不够喜欢，或者是讨厌某一门学科的老师，甚至只是因为对这门学科的学习内容丝毫不感兴趣，都有可能导致孩子们偏科。这是因为孩子们往往心思单纯，考虑问题的时候无法做到很全面，或者即使理性上认识到自己应该全面均衡发展，却无法在行动上真正做到。这样一来，孩子就会偏科。当弱势的学科与优势的学科产生巨大的差距后，想要弥补差距就会更难。为此想要纠正孩子的偏科是很难的。

针对孩子出现偏科情况的不同原因，我们要做的不是抱怨孩子，也不是责怪孩子，而是要有的放矢地消除引起孩子偏科的原因，或者引导孩子理性慎重地学习好每一门学科。若孩子对学科没有兴趣，就要激发孩子的兴趣；若孩子觉得学科知识太难，可以给孩子查漏补缺，或者给孩子"开小灶"，以缩小与其他学生之间的距离；若孩子因为厌恶老师而偏科，可以引导孩子更多地与老师接触，渐渐地喜欢上老师。当然，还有一种原因很特殊，就是孩子的确在某门学科的学习上缺乏天赋，再怎么努力也无法达到正常水平。如果孩子是因此而偏科，并且对于某个特定的学科表现出很大的积极性，也考取了优异的学习成绩，那么，父母不要过度苛责孩子，而要从孩子的优势和长处入手，发展孩子的核心竞争力，这样孩子才能更快乐地成长。

伟大的文学家钱钟书，因为创作了《围城》而为文学爱好者所熟知。钱钟书小时候就是一个偏科的孩子，他的语文学习成绩非常好，英语也经常考取满分，就是对于数学丝毫不感兴趣，只能考到十几分。在这样的情况下，他发挥自己的文科特长，被大学破格录取，成为著名的学者和知名的作家。当然，我们不是钱钟书，也很少有人可能成为钱钟书。在对待学习的时候，一定要尽量做到各门课程均衡发展，然后再把占据优势的课程学得出类拔萃，才能让自己可圈可点，成为佼佼者。

除非是因为天赋的限制和影响，否则大多数人都不应该偏科，而应该尽量获得均衡全面的发展。如果可以选择均衡发展，为何不让自己面面俱到地学习呢？如果真的没有办法做到面面俱到，至少也要争取令其他不擅长的科目考取及格，然后再把擅长的科目发扬光大，这才是最好的学习状态。作为孩子，我们一定要努力培养自己对于各门学科的兴趣，这样才能竭尽全力把每一门学科都学好。只有打好学习的基础，我们才能建造学习的高楼大厦，才能让自己在学习方面有长足的进步和发展。

不读不良书籍

在如今的时代里，社会发展速度非常快，简直到了瞬息万变的程度，常常让人觉得目不暇接。各种商品也层出不穷，非常丰富，当走入书店的时候，面对着书店里排列得整整齐齐的书籍，看着各种不同的类别，你会选择读哪些书呢？对于书籍的喜好，不同的人会有不同的选择，有的孩子喜欢看漫画书，有的孩子喜欢读小说，有的孩子喜欢观赏散文，还有的孩子喜欢时尚杂志。每一种书都有每一种书的特点和风格，孩子们作出怎样的选择都没有错，但是有一点必须要记牢，那就是不读不良书籍。

如今，孩子们买书的途径和渠道更多，除了可以去书店里选择书籍之外，还可以在网络上选购自己喜欢看的书，如京东、当当、淘宝、天猫等。网络的普及和缺乏监管的状态，使得孩子们很容易就会接触到不良书籍，受到不良的影响和危害。

很多人误以为所谓不良书籍就是与黄赌毒有关的书籍。实际上，时代发展到今天，不良书籍的范围也拓宽了。孩子们接触的信息越多，他们的内心就越是浮躁。很多孩子都喜欢读有关于暴力、穿越、妖魔鬼怪等的书籍，不得不说，这样的书籍对于青少年而言同样是不良书籍。

不良书籍给孩子们的心灵带来的毒害不容小觑。有3个少年，喜欢看充满暴力和血腥的书籍，为此在没有钱上网之后，居然按照书籍中描述的杀人方法接连杀死好几个人，目的就是抢钱。不得不说，这些孩子太无知了，所以才会受到暴力书籍、网络信息的影响而荒唐地模仿其行为。因此孩子千万不要接触不良的信息，否则就会在成长的过程中渐渐地迷失，乃至误入歧途。所谓近朱者赤，近墨者黑，孩子只有接触积极的信息，才能在正能量的熏陶和影响下茁壮成长。

此外，还需要注意的是，青春期孩子很容易受到同伴的影响，有心理学家经过统计发现，有相当比例的青少年之所以会沾染恶习，做出违背道德和触犯法律的事情，就是因为他们在成长过程中受从众心理影响，以致跟随同伴做出不当的举动。所以，青少年要有主见，不要盲目从众，更不要为了得到同伴的认可和接纳，就放弃自己做人做事的原则，导致自己肆意妄为做出不该做的事情，否则就会追悔莫及。

第4章

收回心思专心读书，三心二意是学习大忌

不管做什么事情，都要专心致志，才能做得更好。如果总是三心二意、心神不宁，就会导致做事情效率低下。尤其是学习，原本就是高强度脑力劳动，需要掌握的都是原本不会或者不熟悉的知识，为此更要全神贯注，集中精力，才能提升学习的效率，保证学习的成果。

专心致志，才能提高成绩

当你专心致志地学习的时候，很容易就会浑然忘我，把外部的世界完全忘记，而只是沉浸在知识的海洋里畅游，只是沉浸在书本的世界里凝神细思。这个时候，如果有人在旁边喊你，或者和你说话，你都不会有所觉察。直到对方走过来拍打你的肩膀，你很有可能会被吓一跳，这才意识到原来他是在和你说话啊！这就是全神贯注的结果，这样的全神贯注已经完全把自我和外部世界隔绝开来，而起到隔离作用的不是其他的东西，正是你的心。因此，不要抱怨学习的时候外部的环境太喧嚣，也不要觉得自己学习不好都是没有良好的学习环境导致的。真正专心学习的人，根本不会把外界的人和事情看在眼里，也不会让任何不愉快来扰乱自己的情绪，他们只会更加专注于面对自己的内心世界，也会全力以赴地为了手里正在做的事情去拼搏和努力。

有些父母误以为孩子学习是很简单轻松的事情，实际上孩子学习可不简单，因为学习是高强度脑力活动，所以要求孩子必须集中精神，全神贯注。越是在学习到难以理解和掌握的内容时，孩子越是要坚持下去，绝不能懈怠，否则此前的努力就会功亏一篑。很多孩子都喜欢学习简单的内容，简单的内容学起来的确很轻松，但是这与学习的本意是相互违背的。学习原本就是一个从不会到会的过程，为了增强学习的能力，收获学习的成果，必须不断地向着崭新的知识发起挑战，这样才能一步一个台阶地努力向上，才能在学习的过程中获得更多的收获。

遗憾的是，很多孩子对于玩游戏是可以做到两耳不闻窗外事的，但是对于学习总是推三阻四，即使勉强坐在书桌前打开课本，也总是忍不住东看看、西看看，根本无法静下心来专心致志地学习。其实，从心理学的角度而言，孩子注意力集中的时间原本就是很短暂的，为此越是面对低年级的孩子，老师越是要在课堂上抓紧时间讲述新知识。随着不断的成长，孩子集中注意力的时间越来越长，他们课堂听讲的效率也越来越高。很多孩子都会羡慕那些学霸同学轻轻松松就能掌握知识，考取好成绩，其实这些学霸同学之所以能够把握学习的节奏，保证学习的效果，就是因为他们牢牢抓住了课堂上的45分钟，把老师所说的每一句话都听到心里去。

学习，是一个循序渐进、需要积累的过程。经验丰富的老师总是告诉孩子们，学习越好越轻松。很多孩子对此表示不理解，觉得要想学习好，是一定要努力付出的，为何反而会轻松呢？当有朝一日提升了学习成绩、在学习方面渐入佳境的时候，他们就会意识到老师说的是对的。的确，学习好的孩子学得更加轻松，因为他们已经掌握了学习的门道，也找到了适合自己的学习方法，知道自己要把时间和精力用在哪里，才会取得最好的结果。相比之下，那些学习成绩差的孩子，则往往不知道学习的好方法，为此总是在学习上走弯路，也因为成绩不佳而更感到自卑。这样一来，他们就进入学习的恶性循环状态，总是不知道如何做才能让学习成绩更好，也不知道如何才能真正拯救糟糕的学习。

常言道，书山有路勤为径，学海无涯苦作舟。学习需要勤奋，这是人人都知道的道理,学习除了勤奋之外,还需要非常用心,也要保证专注地对待学习。在课堂上,老师最讨厌那些学习三心二意、开小差的同学,这是因为他们无法束缚住思维,导致思维四处飘荡,游离于课堂之外,乃至对于老师辛辛苦苦讲解的内容根本没有听到心里去。相比之下,那些专心致志听讲的孩子,则把所有的注意力都集中在学习上,为此他们听课的效率很高,不错过老师所说的每一个字,这让老师的教学效率得以保证,也使老师的教学效果越来越好。可以说,当学生专心听讲的时候,老师的教授和孩子的学习会同步提升,这当然是最好的结果。

对于孩子来说学习就是本职任务,为此不要总是对学习怀有排斥和抵触的心理,而要更加真诚地接受学习,拥抱学习。在学习的过程中,不要总是瞻前顾后,患得患失,也不要害怕自己在学习上付出之后没有收获。付出本身就是一种收获,只要我们积极地付出,即使不能收获成功,也会收获尝试的经验和失败的阶梯。借助这些人生中最宝贵的东西,我们就能在学习方面呈现出更好的状态,也会大幅提升学习的效率,保证学习的效果。

把所有心思都用在捧读的那本书上

有的孩子不喜欢看书,有的孩子则恰恰相反,最喜欢看书。当然,特别爱看书的孩子也有一个弱点,那就是面对纷繁复杂的图书,他们总是如饥似渴地去读,恨不得一下子就读完所有的书。在这样的饥渴状态中,他们未免会非常混乱,对于书籍的阅读也是没有秩序的。常言道,贪多嚼不烂,看书也是同样的道理。人只有两只眼睛,而两只眼睛也不能分开来用,迄今为止还没有听说过谁的眼睛可以在同一时间分别看两本书的呢!为此,我们要做的就是专心致志读好此刻手中正捧着的那本书,而不要总是这山望着那山高,明明手里捧着一本书,心里却惦记着另外一本书,导致眼睛和心的不一致,而这也必然导致对于眼下的这本书不能深入研读。

曾经有哲学家提出,人应该活在当下,这就是告诉我们,对于人生的昨天、今天和明天,人一定要活在今天,否则就不会有绚烂多彩的昨天,不会有美好的、值得期待的明天。只有活在今天,我们才能以今天承接昨天和明天,才能最大限度地充实地度过人生中的每一天。读书也是如此。不管有多少好书等着我们去读,我们真正可以阅读的就只有此刻捧在手中的这本书。如果不能做到专心致志地深入研读,就会导致囫囵吞枣,对于所学习到的知识和书中的内容无法深入理解。如果不能把今天过好,如何能拥有明天呢?如果不能把手中的这本书看好,如何能把其他的书看好呢?

很多孩子因为盲目地勤奋而无法专注于当下手中捧着的那本书,以致心生不宁。其实,如今的社会讲究的是钻研,即一个人不需要面面俱到,把每一个方面的事情都做好,但是一定要深入钻研,把自己特别擅长或者关注的领域做好,从而在团队合作的过程中发挥自己的力量。为此孩子在读书的时候,并不要求涉猎非常广泛,而是应该术业有专攻。看书多而泛,是无法起到预期作用的。书,哪怕看得慢、看得少,也要看得精,这样才能做到看一本专一本,才能做到对书研究透彻。

1岁的婴儿学习走路往往很心急，还没有学会走呢，就要开始跑，为此免不了摔跤。罗马不是一天建成的，胖子不是一口吃成的，孩子读书也必须讲究循序渐进，才能一步一个脚印，踏踏实实地努力向前。具体而言，首先，可以制订一个计划，规定自己在特定的时间里要读完几本书，每段时间里要完成多少阅读任务。其次，要尝试着写读书笔记。读书，如果只是让那些方块字在自己的眼睛里走一遭，马上就把它们抛之脑后，则根本不会达到积极的效果。读书，一定要与思考相结合，要在读的过程中有的放矢，深入地思考，这样才能在书籍的浸润下丰富和充实自己的心灵。再次，拿起一本书来看，切勿虎头蛇尾。既然决定要看一本书，不管这本书是生动有趣还是艰难晦涩，都要坚持把书读完，也可以称之为把书啃完，这样才能对于全书有整体的印象和把握，才能有更深入和全面的思考。最后，读书必须专心致志。书籍虽然多，但是适合你的书籍很少；书籍虽然多，但是此刻被你捧在手里的只有这一本。为此当捧起书的时候，一定不要慌张，也不要贪婪，就这样一个字一个字地认真地去读，把书吃透，才能让自己快速成长，稳扎稳打。

课堂的时间一定要分秒必争

每一个老师都知道要向课堂45分钟要质量，但是，若面对诸多三心二意的孩子，尤其是其中极少数孩子不但自己不听讲，还会影响其他同学，老师要想吸引全体的注意力就显得难上加难，几乎不可能实现。当然，老师即使不要求每一个孩子都全神贯注，也要想办法吸引大多数孩子的注意力，维持好课堂秩序，从而争分夺秒地把课堂上的知识讲解给孩子们，也尽量给孩子们留下深刻的印象。

如今，教育部门一直在提倡给孩子们减负，不允许孩子们上课外班，不允许老师给孩子们布置太多的作业。然而，减负归减负，对于学习的效果和成就的需求却是不能减的。所以，老师在压缩作业、减少拖堂补课时间的同时，必须高效率利用课堂的时间，尽量把应该教授给孩子们的知识都在课堂上讲解清楚，并消除孩子们心中对于学习的疑问。

遗憾的是，现实的课堂上，有太多的孩子都很容易走神，或者被分散注意力。例如他们正上课，听到窗外有飞机飞过的声音，人虽然坐在教室里，心却早就已经和飞机一起飞走了；他们才刚刚起立向老师问好，就眼尖地发现前面同学的桌洞里有一本漫画书，为此他们大半节课都在策划如何向前排同学借来这本书。思想走神之后，孩子们对于时间的流淌往往失去了明确的把握，他们常常沉浸在迷乱的思维中，甚至一节课都要结束了，才回过神来。由此可见，三心二意，不能全心听讲，对于孩子成长和学习的危害都是很大的。

孩子的注意力原本就很容易分散，有很多时候孩子已经神游物外了，对老师所讲解的内容充耳不闻，但老师只要不点名让孩子回答问题，就无法发现。孩子为何爱走神呢？一则是因为孩子不喜欢老师讲解的内容，二则是因为孩子受到外部因素的诱惑，三则是因为孩子从小没有养成专注的好习惯，为此做事情的时候总是容易思维跳跃，也很容易发生各种转变。针对第一种原因，一则，老师要反省自身，找到更合适的方法在课堂上与孩子沟通和交流，如经常提问，激发孩子回答问题的兴趣，这些都能有效帮助孩子参与到教学活动中来，对老师所讲解的内容产生一定的兴趣。二则，上课原本就是需要专心致志的，如今很多孩子使用的书包和文具盒等文具都太过花哨，功能繁多，这些东西也会吸引孩子的注意力，导致孩子三心二意。三则，很多父母在教养孩子的过程中，每当年幼的孩子专心致志地看蚂蚁搬家或者是兴致盎然地看一本书的时候，父母总是打断孩子，对于孩子的所思所想丝毫不放在心上。长此以往，孩子的专注力遭到破坏，在做很多事情的时候就很难集中精神，也根本无法全神贯注。由此可见，父母一定要保护好孩子的专注力，而作为孩子自身，在做很多事情的时候也要集中所有的精神，而不要总是胡乱想一些事情，导致自己心神涣散，非常被动。

要想向课堂45分钟要质量，要想避免因为走神而导致自己精神涣散，孩子还应该做到积极主动地向老师提问，回答老师的问题，与老师频繁互动。很多孩子之所以走神，是因为在整节课的过程中都与老师没有任何交流，他们沉浸在自己的世界里，不知不觉间就神游物外。只有让自己保持与老师互动，随时准备回答老师的提问，并在有疑难问题的时候及时向老师提出，孩子们才会一直非常关注老师，从而把老师讲解的知识牢固掌握。

当然，在整节课中都保持注意力高度集中是很难的，越是年幼的孩子，越是容易分散注意力。在这种情况下，不要着急，凡事都有一个过程，循序渐进地培养自己集中精神的能力，每天都进步一点点，如此很快就可以专心致志地听讲，保证听讲达到最好的效果。

拥有自控力的人更强大

孩子的自控力比较差，越是年纪小的孩子，越是喜欢随心所欲，这倒不是因为他们故意与别人作对，而是因为他们没有自控的意识。当然，对于已经进入学龄阶段，开始在学校里接受系统教育、进行系统学习的孩子而言，是必须有自控力的。通常情况下，自控能力越强的孩子，越是能够专心致志、集中精力听讲。反之，自控能力越差的孩子，也就越是容易精力分散、心神涣散，在课堂上一不小心就会开小差，不知道把心思放到哪里去了。

对于同一件事情，如完成作业，孩子是否专心致志，是否具有自控力，会导致结果截然不同。为此孩子一定要时刻管理好自己，控制好自己，如此，才能在学习的道路上更加快速地成长和前行。如果总是任由自己精力分散，导致内心仓皇，那么学习的效果就会一落千丈。当然，自控力并非与生俱来的，而是在后天成长的过程中逐渐形成的。例如在课堂上，有的学生拥有自控力，能够控制好自己，为此在学习上的表现就会很好。而有的学生缺乏自控力，不能控制好自己，在学习上的表现就会很糟糕，在成长过程中也会非常被动。有很多孩子因为扰乱课堂秩序被老师批评，就是因为他们缺乏自控力，不知道如何控制好自己。

老师除了要提前备课，保证在课堂上连贯地把知识呈现给孩子之外，还要分散出一部分时间和精力来管教孩子们。然而，有的孩子心神一旦散开，真的是只靠着老师的管教就能把心收回来的吗？当然不是。由此可见，孩子要想真正提升课堂听讲的质量，最重要的就是提升自控力，做到自己管教自己。这样，一来可以保证自己的听课效果，二来可以避免打扰别人。

某天上课的时候，佳佳又违反了课堂秩序。这已经不是佳佳第一次违反课堂秩序了，可以说，佳佳是全班同学里违反课堂秩序最多的人。有的时候，佳佳也不知道自己到底是怎么了，她总是不知不觉就和同学讲话。为此，老师狠狠地批评佳佳："你不但自己不听课，还影响其他同学听课！"对此，佳佳觉得很委屈，因为她的本意不是打扰其他同学，她只是想说话的时候找不到合适的对象而已。

后来，老师把佳佳爸爸叫到学校里，针对佳佳的课堂表现情况，老师也请爸爸在家里的时候配合，延长佳佳集中注意力的时间，或者至少要保证佳佳在不想听讲的时候不会影响其他同学。爸爸知道这个任务很艰巨，但是没办法，谁让他是佳佳的爸爸呢，为此他只好硬着头皮保证完成任务。

佳佳为何会在不知不觉间就失去自控力，扰乱课堂秩序呢？因为她已经形成了注意力分散的坏习惯。要想提升自控力，要想让自己在任何情况下都坚持集中精神，把该做的事情做好，我们就要尝试很多的办法，最终找到适合自己的可行之道。

首先，要给自己设置禁令。例如放学到家之后，不完成作业就不能喝奶、吃点心；课堂上听讲，如果不能坚持45分钟，就必须要多做两页课外作业；晚上睡觉之前坚决不看手机，如果看了手机，就要主动上交，被没收一个星期。这样的明令禁止不但要说给自己听，也要说给身边的人听，这样身边的人才会对我们起到监督的作用，并督促我们排除万难完成任务。其次，如今有很多的计时工具都是非常有趣的，要合理利用起来，为了逼着自己必须集中所有的精神做好该做的事情，我们要给自己规定完成任务的具体时间。例如，规定只有半个小时的时间完成作文，否则就要取消去游乐场的计划。原本，半个小时完成作文非常困难，但是，若真的限定了时间，就像语文考试中也要完成作文一样，孩子们还是可以争取在半个小时的时间内不打草稿，只列举大纲，然后完成作文的。再次，对于缺乏自制力的孩子，既要制订惩罚措施，也要制订奖励措施。只有奖惩分明，在自控力强的时候马上给予奖励，在自控力差的时候马上表示批评，才会让孩子意识到根据不同的表现会有不同的对待，他们如果想要得到更好的对待，就要坚持做到最好，管理好自己。最后，很多孩子之所以没有自控力，是因为他们在从小到大的成长过程中已经习惯了被别人束缚和禁锢。心理学家曾经经过研究证实，一个人越是常常接受外界的控制力，他的自控力就会越差。反之，一个人如果经常进行自我管理，那么他就会把自己管理得越来越好。在循序渐进的过程中，他有意识地每次都延长自控的时间，为此也就可以更好地自我控制。总而言之，自控力不是与生俱来的，而是要在后天练习的过程中逐渐形成的。

慢慢来，没有谁从出生就擅长自控，人生的成长总是要一步一步进行，人生的未来也需要我们用心去创造和经营。任何时候，我们都要学会自控，而不要总是奢求得到别人的管教，更不要寄希望于始终都能得到别人的提醒。有自控力的人才是真正的人生强者，孩子，如果你们想要变得更加强大和不可战胜，那就要激发自身的自控力，让自己全力以赴，做到更好！

专心地学，放松地玩

如果你是学生，如果你认真观察，你一定会发现你的身边有这样一类人：他们学习成绩非常好，但是学得很轻松，完全不是苦学者，而是乐学者。有的时候看着他们轻而易举就能考出好成绩，你甚至想要与他们狠狠地大吵一架，质问他们为何得到造物主的如此偏爱，能够轻轻松松搞定学习。那么，他们真的在学习方面有独特的天赋吗？心理学家经过研究发现，在这个世界上除了极少数天赋特别突出或者特别不足的人之外，大多数人的先天条件相差无几。那么，为何这差不多的人群里有了严重的两极分化呢？究其原因，就在于每个人是否真的善于学习。

不善于学习的人，哪怕在学习上付出加倍的辛苦和努力，且花费更多的时间，学习的效果也会很差。善于学习的人，从不死学，而是能够机智灵活地对待学习。他们往往把学习和玩耍分得很清楚，和那些常常在写作业的时候想着玩耍因而磨磨蹭蹭的孩子不同，他们学习的时候就全力以赴地学习，玩耍的时候就完全把学习抛之脑后，专心致志地玩耍。这样一来，他们看似用了一段时间去玩，但是学习的效率会更高。

孩子必须在学习和玩耍之间拎得清，而不要总是学习也学不好，玩耍也玩不好，最终把所有的时间都白白浪费掉了，却始终毫无收获。玩与学，是学龄孩子人生中非常重要的两件事情，只有均衡好这两件事情之间的关系，才能做到乐学，尽情地玩。若我们陷入这两者之间无法作出取舍，总是在学习的时候想着玩，在玩的时候又惦记着作业还没有完成，那么一定会非常痛苦和无助。要想在学习上有好的成果，有杰出的表现，我们就要区分清楚学习与玩耍，也要分别专心致志地做好每一件事情。

佳佳完成作业的时间越来越晚。原本，他3点放学，3点半回到家里，是可以在6点的时候完成作业再吃晚饭的，但是自从妈妈给他布置了每天需要用半个小时完成的课外作业之后，他对学习的劲头就大大减弱，完成作业居然拖延到晚上9点多。这是为什么呢？妈妈隐隐约约想到佳佳是为了逃避课外作业，但是又不愿意相信。

有一天傍晚，妈妈试探佳佳："佳佳，我和爸爸要去喝喜酒，晚上7点。你作业比较多，每天都要那么晚才能完成，就留在家里吧！我会给你点外卖吃的。"佳佳一听就不乐意了："我要去，我要去！"妈妈故意说："你作业没完成，怎么去？"佳佳当即保证："我会在6点之前完成的，然后再用半个小时时间完成课外作业。6点半出发，赶得及吗？"听到佳佳把时间安排得这么紧凑，妈妈夸张地做出不敢相信的表情："这是谁家孩子，简直是个飞毛手啊！"佳佳来不及和妈妈说话，赶紧去房间里写作业。结果，佳佳6点半准时完成作业，和爸爸妈妈一起出席了婚宴。

次日，佳佳放学的时候，妈妈很严肃地和佳佳交谈："佳佳，你最近总是把学校的作业拖延到9点多才完成，其实我知道你的小心思。从现在开始，放学了先做课外作业，然后做课内作业。如果你能在6点半之前完成课内作业，奖励玩游戏半个小时，其他时间可以看书。如果你超过7点才完成作业，那么将来就要扣掉一次奖励才能抵消，抵消之后才能继续享受奖励。"佳佳看着妈妈不好意思地笑了，她赶紧去书房里写作业，这一次没有被妈妈催促。接连几天过去，佳佳写作业的时间都很稳定，大概都在6点半完成作业。有一天，气氛很轻松，妈妈嘲笑佳佳：

"佳佳，最近作业写得很快啊！"佳佳吐了吐舌头，对妈妈说："以前，我总是故作聪明拖延写作业，而且在写作业的过程中偷看手机，现在我知道了写完作业再玩是最痛快的，也玩得最高兴。"妈妈点点头，抚摩着佳佳的头由衷地说："佳佳真是长大了！"

当孩子无法捋清楚玩与学之间的关系时，就会本末倒置，喜欢在写作业的时候玩，这样一来不但拖延了完成作业的时间，也导致在写作业之后原本可以开开心心玩耍的时间消失了。最好的方法就是学习的时候专心致志学习，玩耍的时候尽情尽兴玩耍，这样才能把学习学到最好，玩耍得痛快。

不管是对待学习还是对待玩耍，我们都要非常专心，而不能三心二意。还记得《小猫钓鱼》的故事吗？三心二意的小猫一会儿跑去抓蝴蝶，一会儿跑去看风景，总是不能做到全心全意、安安静静地守护着钓鱼竿，最终一条鱼也没有钓到。孩子学习的道路还很漫长，一定要学会安排学习与玩耍，也要合理分配时间与精力，这样才能提升学习的效率，并让自己玩得开心和尽兴。

做到心无旁骛地学习

心无旁骛、全神贯注地学习，是很难做到的事情。学习是一项脑力活动，既然是脑力活动，就需要适宜的环境才有助于专注。有的孩子在学校里的时候总是被同学或者其他的一些事情分散注意力，认为学校的环境太过嘈杂，而等到回家之后，在人少又小的空间里，依然无法做到心无旁骛地学习，这是为什么呢？其实，这是因为孩子能否全神贯注地学习，并非由环境起到决定作用，而是在于孩子对学习所怀有的心态。

学习，是需要投入状态的。你是否有过这样的感受，即你原本学习状态很好，心无旁骛，但是当身边来了一个人和你说了几句话之后，你似乎一下子就从学习的状态中跌落出来。让你感到万分惊讶的是，就算只是与别人说了几句话，你也无法再集中精神，更不可能做到心无旁骛。的确，你就是从学习的状态中跌落出来了，所以你才会无法复原。

那么，如何才能心无旁骛地学习呢？心无旁骛，就是集中所有的注意力，把学习这件事情做好，而对于身边的很多人和事情都漠不关心，也不愿意在学习状态下与它们产生联系。在真正投入学习状态中，学习者甚至对于身边人说什么、做什么都浑然不觉，这是因为他们只关注学习，不管是眼睛里还是心里，都只有学习这一件事情。

学习是需要氛围的，为此，我们要为自己营造良好的学习氛围。首先，要消除环境中的干扰因素，也要让自己的心变得更加专注。有的时候，我们置身于一个公共的环境中，无法要求别人也和我们一样安静，对此，我们就要用关闭心扉的方式，对外界关闭自己的眼睛和耳朵。其次，要整理好小环境。不管是学校里的课桌还是家里的书桌，实际上都是我们学习的一方天地。在这方天地里，我们要想专心致志地学习，就要排除干扰因素，如把容易吸引我们的东西整理到抽屉中，不要让它们总是出现在桌面上，吸引我们的目光，也诱惑我们忍不住要去拿。当在家里学习的时候，如果有独立的房间，还可以关上房间的门，这样一来，就会与外部空间隔绝开来，成为一个独立的小空间；还可以叮嘱家人不要来打扰，从而避免学习状态被打乱。最后，最好提前准备好学习

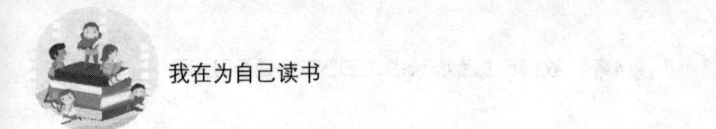

的用具，减少站起来四处走动的机会。常言道，心若改变，世界也随之改变，其实真正学习的天地就在我们的心里，当做好这一切的准备工作之后，我们同时也会把自己的心清空，让自己真正做到全心全意对待学习。这样一来，我们的学习效率当然会得以提升，我们的学习效果也会更好。

  当然，学习只是日常生活的一部分，所以创造一个相对安静的环境即可，而不要因为学习就让家里人的日常活动全部停止。这样的小题大做，也是没有必要的。只有对于学习怀着平常心，并以寻常的态度对待学习，我们才能在学习过程中获得成长，才能在专心学习的过程中渐渐地形成抵抗外界干扰的强大能力。

第5章

珍惜读书的时光，合理利用每一分钟

青春年少的时光是最宝贵的，孩子们一定要抓住宝贵的时光努力认真地读书，更要合理利用每一分钟，惜取少年时。古人云，少壮不努力，老大徒伤悲。如果在年少的时候不努力读书，那么有朝一日青春不在，一定会非常懊丧自己不曾努力，没有为人生打下良好的基础。既然如此，为何不分秒必争地努力呢？

青春宝贵,珍惜时光

有人觉得人生很漫长,也有人觉得人生很短暂。其实,不管是漫长还是短暂,实际上都是每个人对于人生不同的感悟。那些觉得人生短暂的人,一定过得很充实,正因为还有太多的事情等着去做,他们才会发出光阴易逝的感慨;而那些觉得人生漫长的人,一定常常在人生之中觉得无所事事,百无聊赖,所以他们才会觉得生命的时光过得很慢,很难熬。不管人生是漫长还是短暂,归根结底,在这个世界上,并没有人能知道自己的生命将会在何时终止。这正如人们所说的,生命是一场未知的旅程,没有人知道生命将会在何时戛然而止。既然如此,我们就要尝试着在生命历程中拓宽生命的宽度。这样,生命才会变得更加充实。

纵观人生,真正适合用来学习的时光是很短暂的。孩子们从6岁进入一年级,到22岁大学毕业,这期间的16年时光,是学习的好时候。等到大学毕业后走入社会,虽然也要坚持终身学习,但是再也没有那么清净纯粹的环境适合学习,也没有大段的时间可以埋头苦读。随着年纪不断增长,生活中的琐事扑面而来,很多中年人都会抱怨时间不够用,人生也越来越紧迫。

早在民国时期,上海滩的才女张爱玲就曾经说过,出名要趁早。我们也要说，读书要趁早。既然注定要学习，为何不抓住宝贵的青春时光埋头苦读呢？在小学阶段，孩子们的大脑正处于对知识渴求最强烈的特殊阶段，孩子们面对知识就像一个干渴了很久的人面对水，就像一个饥饿了很久的人面对饭菜。为此，小学阶段是学习的好时光，只有不断地努力上进，如饥似渴地求学，才能不断地充实自己。老话说，技多不压身，当我们真正把知识学会、掌握，未来有朝一日需要用的时候，我们就不会感慨"书到用时方恨少"。

有相当一部分孩子对于学习怀有抵触心理，他们不觉得学习的时间很珍贵，要做到分秒必争，而是盼望着周一至周五快快过去，从而得以在周末好好地玩耍。孩子厌恶学习固然是不对的，但是也应该找清楚其中的原因，这样才能有的放矢地引导孩子对学习产生兴趣，从而使他们爱上学习。

随着不断的成长，小豆丁长大了，成为了初中生、高中生，甚至是大学生。在这个阶段里，孩子们对于生活的现状有了更深入的了解，将父母的辛苦看在眼里，也就知道了父母为何总是逼着自己一定要认真学习。除了学习，孩子还能做什么呢？如今，法律规定不允许雇用童工，孩子在离开学校之后就只能混迹于社会。社会环境可不同于学校里的环境，社会环境是非常复杂的，又加上缺乏老师的监管和同学的监督，为此孩子很容易学坏。人生一旦走了歪路，再想回到正路上来就很难。为此，孩子必须要意识到学习的重要性和在人生特殊阶段的必要性，从而培养自己对于学习的兴趣，也帮助自己始终勤学苦思，回归到人生的正途上。在生命历程中，有些事情是可以去改正和弥补的，而有些事情一经发生，是不可能逆转的。为此，一定要慎重对待学习，积极主动地学习，这样我们的人生才会有更多的可能性。

不要沉迷于言情小说

你还记得自己看过的第一本言情小说是什么名字吗？我还记得，因为我看的第一本言情小说也是我看的第一本小说，是台湾作家琼瑶的《金盏花》。时至今日，我已经记不清楚书里的具体情节和文字了，但是有一点可以肯定，那就是看完《金盏花》之后，才读小学三年级的我就开始憧憬爱情，梦想着有朝一日也能找到一个爱我宠我的白马王子。才小学三年级啊，《金盏花》就成为我的爱情启蒙，让我的爱情观一下子从无到有：必须找到一个像琼瑶笔下完美的男主角一样的男人，这样的人才能成为我的白马王子！

其实，有很多孩子都曾经看过言情小说，区别只在于时间早晚而已。现在想来，琼瑶阿姨一生都在编织一个爱情的梦，真不知道这是为了骗自己，还是骗别人。前段时间，网络上曝光了琼瑶与丈夫以及丈夫与前任之间子女的恩恩怨怨，还有人爆料琼瑶本身就是插足别人婚姻的第三者，所以她在写作的时候才会对第三者充满了同情。当然，我们不必去纠缠琼瑶在现实生活中扮演的角色，而是要提醒大家，避免过多接触言情小说。很多言情小说都是在以爱情营造出一个虚幻的世界，这对于情窦初开的少男少女而言就像是一种诱惑，尤其是少女常常对爱情充满了幻想和渴望，为此更容易受到言情小说的负面影响。

艾诺自从在小学五年级的时候接触到言情小说，此后便一直非常喜欢看言情小说。因为对言情小说沉迷太深，她还常常梦想着自己有朝一日也能够遇到生命中的白马王子。艾诺家里很穷，父母都是普通的工人阶层，她甚至树立了一个梦想——要嫁入豪门。因为对豪门爱情日思夜想，艾诺在学习上也持续地退步。在期末考试中，艾诺的成绩一落千丈，妈妈苦口婆心地劝说艾诺："艾诺，你一定要好好学习啊，否则将来可怎么办呢？"艾诺不以为然地说："灰姑娘还能遇到白马王子呢，我将来也会遇到心爱的人，他不但高大帅气，而且会有很多钱。最主要的是，他会对我非常好，也会对你和爸爸非常好，你们就等着吧！"

妈妈听到艾诺的话，忍不住怒斥艾诺："死丫头，你怎么还做这样的梦呢！靠山山会倒，靠树树会跑，你在这样的家庭里成长，我和你爸爸都不能给你更多的依靠，你就只能靠自己。怎么能做这样的春秋大梦呢？"妈妈的一番话没有惊醒艾诺，艾诺反而更加坚定了要嫁入豪门的决心，对于学习也不能专心致志，而总是梦想着有朝一日能够遇到白马王子，马上就扭转命运！

不得不说，艾诺受到言情小说的毒害还是很严重的，才小小年纪的她就开始梦想着嫁入豪门，尽管她在爱情方面得到了启蒙，但是她的心智发育并不成熟，很有可能会因为受到诱惑而误入歧途。对于女孩来说，一定要对爱情脚踏实地，也要树立正确的人生观、价值观和世界观。否则面对现实世界的诸多诱惑，很容易就会迷失自己，也会导致自己在成长的道路上走偏，最终与理想的人生渐行渐远。

现实从来不像言情小说那样充满梦幻和浪漫的气息，而是非常残酷的，也常常会给孩子们以沉重的打击。有的孩子因为爱看言情小说而沉迷其中，有的孩子则开始亲身实践，过早地开始尝试爱情的滋味。然而，少男少女的爱情就像是开放太早的花朵，还没到春天呢，只能接受严寒的摧残。在最美的年纪里绽放爱情，才是最好的选择。也有些孩子因为早恋而影响学习，影响情绪，甚至做出冲动的举动，这都是非常糟糕的。

从时间的角度而言，孩子们正处于学习的关键时期，时间是非常宝贵的，如果花费过多的时间阅读言情小说，那么用来阅读文学经典以及其他有用书籍的时间就会减少，甚至会耽误用来学习的时间，这样一来，自然会影响学习。在书籍的海洋里，要想提高时间的使用率，提升读书的效率，就要有限阅读那些有分量的、经典的书籍，这才是珍惜时间、高效利用时间的表现。

当然，言情小说也不是洪水猛兽，即便孩子们无意间接触或者阅读了言情小说，也不要为此而担忧。只要内心笃定，建立正确的爱情观，就不会为言情小说而怦然心动。其实，很多经典的文学作品中也有爱情的影子，只是和言情小说中浮夸的爱情相比，经典文学作品中对于爱情的刻画更加入木三分，也会对情窦初开的孩子们起到积极的引导作用。此外，在现实生活中，孩子们也可以通过观察父母的爱情来加深对于爱情的理解。那些父母爱情深厚的家庭里，孩子们对于爱情的理解往往更加深刻与平实。换一个角度而言，如果父母的爱情总是浮夸的，或者父母的爱情已经破裂，那么也会给孩子造成不良的影响。当然，生活不可能总是顺遂如意，孩子们随着不断的成长，也要接纳生活的不如意和坎坷挫折，只有内心强大，坦然地面对命运的一切赐予，孩子们才能健康快乐地成长，真正变成人生的强者。

网络游戏的瘾必须戒掉

随着电子产品的普及，如今越来越多的孩子沾染上网络游戏的瘾，尤其是男孩，会在互动的网络游戏中得到很大的满足，为此网络游戏的瘾也越来越大。不可否认，网络是生活中不可或缺的元素，为我们的生活带来了很多的便利，也让我们的生活不断地发生改变，但是，凡事皆有度，过犹不及，如果我们不能控制好玩网络游戏的限度，就会在成长的过程中迷失，就会因为沉迷于网络游戏而陷入迷惘和困惑之中，甚至危及学习和生活。

最近这些年来，孩子们沉迷于网络游戏而导致的悲剧时有发生，有的孩子学习网络游戏中的暴力血腥场面走上犯罪的道路，有的孩子因为沉迷于网络游戏而迷失自我，不能正常地学习和生活，还有的孩子为了从家里拿到钱去网吧甚至残忍地伤害、杀害亲人……不得不说，网络游戏一旦泛滥成灾，就会导致孩子的人生陷入绝境，面临毁灭。任何时候，都不要对网络游戏沉迷，而应把适度玩游戏作为人生的消遣方式。可以说，当游戏泛滥，给孩子带来的毁灭打击是远远超过给孩子带来的好处的。为此，孩子一定要控制好自己，适度玩网络游戏，而不要总是在游戏的过程中迷失自己，更不要因为沉迷游戏而丧失理性，做出伤害自己和家人的事情。

每天放学，小雨做的第一件事就是向妈妈要手机，玩网络游戏。小雨是农民工子弟，父母带着他一起在城市里打工，为此家里没有电脑，也没有电视，所以小雨唯一的消遣方式就是用妈妈的手机玩游戏。对此，妈妈不以为然，也没有管教小雨，而是觉得小雨和城市里的孩子相比很可怜，为此任由小雨玩游戏。有的时候，妈妈不在家，小雨就没有手机玩游戏，为此妈妈给爸爸买了一个新手机，而把爸爸之前用的手机给小雨使用。这样一来，小雨对于网络游戏更加沉迷。

每到周末，小雨就会拿着妈妈给他的零花钱去网吧里玩，玩的次数多了，小雨不再满足于用手机玩游戏，也不再满足于周末才去网吧玩游戏。平日里，他也会在放学路上去网吧玩一个小时。欲望的深渊越来越无法满足，小雨渐渐地发展到放学不回家、一直玩游戏到夜幕降临的程度，作业也常常完不成。这个时候，妈妈想要管教小雨，小雨却不服从管教，总是和妈妈对着干。无奈之下，妈妈只好搬出爸爸镇压小雨。爸爸狠狠揍了小雨一顿，小雨却从家里偷了钱离家出走，在网吧里一玩就是几天几夜，而爸爸妈妈急得报了警。3天之后，警察通过排查网吧才找到小雨。爸爸气得恨不得暴揍小雨一顿，但是又被警察拦住。几天之后，小雨故技重施，再次偷了钱去网吧，而且与社会上的小混混混在一起，情况越来越失控。

在这个事例中，爸爸妈妈一开始没有对小雨进行正确的引导，等到小雨失去控制之后，再想管教小雨，则变得更加困难；而且，管教方式不恰当，导致小雨变本加厉、肆无忌惮。不得不说，孩子一旦沾染网瘾，只靠着自制力是很难控制好自己的，为此很多父母在对孩子无计可施之后，就把孩子送到戒除网瘾的学校。殊不知，如果父母怀着对孩子的爱与耐心尚且无法让孩子戒掉网瘾，那么，把孩子送到戒除网瘾的学校又有什么用呢？为此，偶尔会有孩子在到了戒除网瘾学校之后，一两天的时间就失去了宝贵的生命，其间发生的事情无人可知，父母也追悔莫及。

从孩子的角度而言，对于网瘾的控制要防患于未然。孩子们应该形成正确的思想和意识，端正学习态度，适度玩网络游戏。在此过程中，也需要父母的监督和配合，毕竟孩子的自控力是有限的，如果仅仅依靠孩子的自我控制力就想让孩子做到合理控制网瘾，显然会很难。孩子还应该更多地投入于现实生活，在与同学们相处的过程中感受到更多的快乐，也积极主动地控制好自己，让自己快乐健康地生活。

不要被朋友圈割裂了时间

如今，几乎人人都玩手机，也人人都玩微信，而且人人都有朋友圈。很多父母为了方便与孩子联系，会给孩子配备手机。很多孩子在有了手机之后，因为学习的压力太大，也因为微信对他们充满了诱惑力，所以他们往往会开通微信，还会与同学、朋友等人互相加微信。这样一来，他们原本大段的时间就会被切割得零碎，导致他们的学习和生活都受到影响。如今，很多人都成为低头族，因为低头看手机而掉入下水井里或者掉落河里的事情时有发生，尤其是在公交汽车或者地铁上，因为有座位可以坐着，低头看手机的人更是不计其数。曾经有人调查发现，因为手机的普及，也因为大多数人对于朋友圈的痴迷，所以在家庭生活中，家人之间的互动与沟通越来越少，导致亲情淡漠。不得不说，这样的情况是非常糟糕的，也是大家都不想看到的。

微信是一种即时的通信方式，因为它的及时性、便利性而受到很多人的追捧。此外，微信还为大家打造了一个公众的平台，在平台上，人们可以进行社交，也可以进行互动。说起来，微信给人们的生活带来了极大的便利，也是值得人们推崇和使用的，但是对于孩子们而言，如果因为沉迷于微信，总是刷朋友圈，而导致影响学习，则无疑是很糟糕的。尤其是朋友圈会割裂孩子们的时间，使得孩子们在学习的过程中也惦记着看一看手机，这当然很糟糕。为此，孩子一定要适度玩朋友圈，不要因为依赖手机、依赖朋友圈而导致严重影响学习，否则就会得不偿失。

进入小学高年级阶段后，丫丫闹着让爸爸妈妈给她买手机。原本，妈妈想把家里淘汰不用的旧手机给丫丫用，但是丫丫表示强烈反对，还对妈妈说："妈妈，我们班级的同学都有用苹果的，你就算不给我买个苹果，也至少是智能机吧！"对于丫丫的反对意见，妈妈认真想想，不想让丫丫觉得不如其他的同学，为此给丫丫买了一部智能机。拿到手机之后，丫丫爱不释手，虽然妈妈规定写作业的时候不能看手机，但是丫丫还是趁着妈妈不注意偷偷看手机。有一次，妈妈推门而入，发现丫丫正在和同学发微信，妈妈虽然批评了丫丫，但是，想到丫丫刚刚拥有手机也许很兴奋，就没有太放在心上。

转眼之间，丫丫拥有手机已经一个月了，妈妈发现丫丫完成作业的时间越来越晚。有的时候，妈妈会说丫丫，但是丫丫则以作业变多了为由搪塞妈妈。有一次，丫丫上学忘记带手机，妈妈拿起手机，才发现丫丫设置了密码。而到了放学的时间时，手机一直接到同学发来的微信，妈妈这才意识到丫丫也许经常用手机和同学聊天。等到丫丫放学回家，妈妈让丫丫给手机解锁，再看丫丫的朋友圈，发现里面的内容非常丰富，五花八门，妈妈生气地说："难怪你完成作业的时间越来越晚呢！原来你一直在用微信和同学聊天啊！"听了妈妈的责备，丫丫自知理亏，低下头不说话。后来妈妈惩罚丫丫一个星期不能用手机，等到再次得到手机的时候，丫丫果然有所收敛，再也不肆无忌惮地刷朋友圈了。

许多成人一定会有这样的感触，那就是晚上都要睡觉了，一旦打开手机看朋友圈，不知不觉间时间就会过去至少半个小时，为此睡眠的时间也就少了半个小时。尤其是当朋友圈里的内容多而繁杂的时候，朋友圈就会占据我们更多的时间。对于孩子来说，应该以学习为主，而不要总是依赖手机、玩手机，更不要总是在与手机相处的过程中迷失自我。

为了避免对手机产生依赖性，过多地玩手机，可以避免使用智能手机。其实，孩子之所以用手机，就是为了与父母联系方便，既然如此，就不要以智能机来诱惑自己，如果使用只能接打电话的手机，这样的困惑自然不存在。孩子毕竟年纪小，自制力有限，如果把诱惑摆放在孩子面前，又要求孩子不能被诱惑，无疑是强人所能。所以要想避免问题的产生，就要防患于未然，也要减少诱惑，创造更好的环境。如果必须使用智能机，也要规定好使用手机的时间和频率，这样才能以规则来约束自己，才能收到良好的效果。

当然，每个孩子一旦走入学校，就成为社会群体的一员，孩子们生活在群体之中，也就有了自己的小圈子。当孩子拥有智能手机后，他们马上就会加同学为好友，也会加其他认识的人。这样一来，孩子的朋友圈就基本成型。为了避免因为微信和朋友圈而影响学习，熟悉的同学之间可以约法三章，即有事情当面沟通和联系，而不要总是发微信，只在必要的情况下使用微信，这样一来就可以减少微信对于学习的影响，也可以保证学习方面有足够的大段时间。总而言之，不要因为微信而影响学习，也不要为了刷朋友圈而影响学习，分散时间和精力。此外，还要及时清理朋友圈。俗话说，道不同不相为谋，如果朋友圈里有总是造成不良影响的人，那么既要将其从现实的朋友圈中清理出去，也要将其从手机的朋友圈中清理出去，这样才能专心致志地对待学习。

远离狐朋狗友

孩子们不断地成长，接触的人越来越多，生活的圈子越来越大，为此他们生存的环境也会变得复杂。很多孩子的认知和辨识能力很差，同时，他们很渴望融入同龄人的圈子，得到同龄人的认可。为此，有些孩子不知不觉间就会结识狐朋狗友，还自以为是纯真的友谊。不得不说，这样的误解，对于孩子的危害将会是非常大的。尤其是青春期的孩子，他们的从众心理很强，有很多青春期的孩子犯下错误，不是因为他们本身就品质恶劣，而是因为他们缺乏辨识能力，所以总是受到身边人的影响，甚至跟随身边的人一起做出出格的事情。如今，不乏有青少年因为从众而触犯法律，这样的糟糕局面是任何人都不想见到的。

古人云，近朱者赤，近墨者黑。对于青少年而言，他们很容易受到身边人的影响，哪怕是年纪比较小的孩子，他们也会人云亦云，模仿能力很强。为此，好的朋友让孩子们受益良多，而不好的朋友则让孩子们受到很大的负面影响，陷入人生的困境之中。不可否认的一点是，朋友一定是分好坏的，因为人有好有坏。然而，每个人都需要朋友，因为朋友是一生的陪伴，也可以让我们的心灵从不寂寞。生活中，有了高兴的事情，我们会和朋友分享，有了伤心的事情，我们也会向朋友倾诉，寻求朋友的安慰。对于孩子们来说，朋友是成长过程中最好的陪伴，在与朋友相处的过程中，孩子们可以相互学习，促进成长。当然，前提是要有好朋友，而不要结交狐朋狗友。糟糕的朋友就像是我们身边的定时炸弹，经常会在我们不经意间引爆，很有可能牵连无辜，炸到我们。为此，我们一定要结交良师益友，而远离狐朋狗友。

展鹏从小就有好人缘，这是因为他性格和善，待人处事都非常友好。为此，从小到大，展鹏从来不缺少朋友，不管走到哪里，身边都会簇拥着很多朋友。然而，升入初中之后，展鹏的心态发生了微妙的变化，他不再满足于和身边的人交朋友，而开始和社会上的年轻人交往，并且引以为傲。对于展鹏的表现，妈妈很担心，因此劝说展鹏："你还是学生，他们都是学习不好的孩子，才会早早走上社会，你和他们不是一类人，要离他们远一点。"对此，展鹏不以为然，对妈妈说："没关系的，他们都是我的好朋友，都是我的好哥们儿！"

与社会上的狐朋狗友交往了没多久，展鹏就后悔了。原来，这些社会青年都很喜欢去网吧、歌厅等地方，而他们因为没有工作，没有经济来源，所以总是和展鹏要钱。他们还规定每个月月初，小弟弟们都要交钱给老大。但是老大很快就会把钱花完，再向下面要。才没过多久，展鹏从小辛辛苦苦积攒的几千元零花钱、压岁钱都快花完了。有一次，老大又向展鹏要钱，展鹏不想给，直接告诉老大："我没钱！"这个时候,原本对展鹏和颜悦色的老大马上变了脸色,对展鹏说:"你没钱,就和你爸妈要!但是,不要再让我听到你说你没钱!"展鹏看着这个以前口口声声要罩着自己的老大,觉得老大很陌生、很可怕,他脱口而出:"我爸妈也没钱,我再也不想当你的小弟了!"老大恶狠狠地说:"你想当就当,不想当就不当吗?要是不听话,有你好果子吃!"此后的日子里,展鹏就陷入噩梦状态,想要摆脱老大却无法摆脱,而且经常收到老大支使人发来的恐吓和勒索电话。最终,展鹏只得向爸爸妈妈求助,爸爸妈妈赶紧带着展鹏报警,在警察的协助下,展鹏终于摆脱了这个由社会上的小混混组成的团体。

很多孩子缺少甄别能力,为了能够融入同龄人的团队,得到同龄人的认可和赏识,他们一开始会委曲求全,想要积极地融入团队之中。但是随着时间的流逝,随着对于朋友的深入了解,他们就会意识到有些朋友并不是真朋友,甚至会给他们的学习和生活带来负面影响,或者伤害他们。然而,这个时候再想抽身而出,远离这些狐朋狗友,已经很困难了。在这种情况下,一定要及时向父母求助,而不要因为害怕就把所有事情都隐藏在自己的心里。有些孩子在遇到危险的时候会向同龄人求助,导致事情愈演愈烈,其实这种做法是错误的。正确的做法是,要向父母或者老师求助,因为同龄人同样心智发育不成熟,处理事情缺乏经验,只有父母和老师才能站在成人的角度全面考虑问题,综合各个方面的因素处理好问题。为此,孩子要把求助的对象确定好。

俗话说,路遥知马力,日久见人心。孩子们在与朋友相处的过程中,一定要多多用心,仔细观察朋友,而不要随随便便就和刚刚认识的朋友交心。坏人的脸上从来不会标明自己是坏人,有些所谓的朋友也是很善于伪装的，所以孩子一定要沉住气，在和朋友相处的过程中不断地了解朋友的真心，确定朋友是否值得交往，然后再决定是否与朋友走得更近。对于那些无法一下子摆脱的"坏"朋友，如果情势还可以控制，那么，不要立即与对方反目成仇，从而避免激怒对方；而是要循序渐进地与他们疏远，这样一来就可以远离他们，得到理想的结果。

第6章

读书方法掌握好,学习效果看得到

读书和学习一样没有捷径,没有人可以代替我们读书,在读书的过程中,我们必须一个字一个字地认真地去读,才能领悟字里行间的意思,而只看个内容梗概的阅读方式,是无法领略文字表达的精妙含义的。为此,我们一定要掌握读书的方法,才能让学习取得良好的效果,事半功倍。

把握整体学习的技巧

很多孩子之所以在学习方面效率很低，也常常感到非常困惑，是因为他们没有掌握学习的方法，更不曾把握学习的技巧。很多孩子在不知不觉间就会把很多知识割裂开来看待，如对于学校里的几门课程，他们从未想过融会贯通，而是觉得历史就是历史，语文就是语文，地理就是地理，物理就是物理，化学就是化学，而英语则更是作为舶来品被孤立地看待。实际上，这些学科之间有着千丝万缕的联系，如果能够把它们作为一个整体去看待，就能发现它们之间的关系，也可以对于它们进行整体性学习和把握。

斯科特·杨是一个非常神奇的人，他只用了一年的时间就自学了33门课程，平均下来，他只需要用一个半星期就能自学完一门课程，这个速度简直让人感到震惊和难以相信。实际上，斯科特·杨之所以能做到这一点，是因为他掌握了整体性学习的方法，从而不是学完33门课程，而是学完了MTL计算机的整个课程。当把33门课程当成一门课程来看待时，其间的学习量就会减少，因为相互关联的知识点更容易联系起来整体记忆，而且因为各门知识联系紧密，所以在学习新知识的时候也就复习了旧知识，如此如同滚雪球一样不断向前滚动，很快就会对整个的知识体系都有大概的了解，然后在主干的基础上不断地填充知识，构建细节，为此学习会进展很快。

具体而言，要想把握整体学习的技巧，就要做到以下几点：首先，要对学习的内容有整体的认知，建立学习的结构。所谓结构，顾名思义就是一系列联系紧密的知识。众所周知在建造高楼之前要打地基，这些联系紧密的基础知识就是学习的地基，基础足够牢固，建造高楼大厦才能更加快速。反之，如果基础都没有打牢，导致各种知识如同一盘散沙呈现，那么，想要学习和记忆，就会难度极大，学习的工作量也会加大。其次，要形成知识的模型。显而易见，模型比起平面的结构有了立体性，也更加精练。只有先建立知识的模型，我们才能快速掌握简化之后的知识结构，才可以对各门学科之间进行更加深入的关联。这就像是建造一个城市，城市会有几个中心，要想了解这个城市，我们要先把握这几个中心，才能在联结中心之后对于整体学习有更好的把握和深入的了解。最后，在建立城市中心之后，我们为了扩大城市的规模，还要在各个中心之间建立高速路，从而起到快速运输的作用。知识的中心之间也需要这样的高速路，这样才能在各个中心之间快速传递知识，从而让知识之间的联系更加紧密。这样一来，即使面对再复杂庞大的知识结构，也可以将其联系起来，令其彼此之间产生互动，发生关联，从而掌握整体性学习的技巧，把原本看似零碎和混乱的知识串联起来，使之成为一个整体，那就是知识的体系。

当然，整体性学习并没有一定之规的顺序，而是可以根据不断的进步和成长调整顺序。在整体性学习中，每一个步骤都至关重要，缺一不可，为此我们要重视每一个步骤，而不要随随便便就看轻一个步骤，否则，就像拼图一样，少了一个步骤就会变成一片空白，这当然不利于学习的推进，也不利于自身的成长。

从收集和接收知识，到理解和消化知识，再到整合知识，重新把知识形成一个新的体系，这期间要经历很多个步骤，也需要我们对于知识有更加深入的理解。当发现知识结构的某一个环节很薄弱的时候，还要通过测验的方式查漏补缺。正是因为如此，学校里才会时不时地就对孩子们进行测试，从而检测孩子们在学习方面有哪些疏漏。自己读书学习，也同样要经过这样的过程，才能最终全面掌握知识，把知识内化成为自己的，从而再拓展和生发。

从总体来说，要想掌握整体性学习的技巧，就要做到以上几点，此外在阅读的过程中还要非常用心，快速理解和转化知识，也要在各个知识之间建立紧密的联系，这样才能整体性地掌握和构建学习体系，并让学习事半功倍。

好的学习方法让学习事半功倍

在军事领域，我方要想战胜敌方，要想在对敌方发起进攻的时候及时占据有力的地形，获得更大的胜算，那么就要在发起进攻之前就了解敌方的具体情况，这样才能及时找到我方的火力制高点，将其一举拿下，才可以看准敌方的薄弱点，集中火力发起进攻。唯有这样双管齐下，我方才能在最短的时间内致胜。否则，如果不讲究章法，也没有打法，只会让战斗进入胶着状态，或者会导致彻底失败。

对于学习，我们同样要讲究战略和策略，如此才能以良好的学习方法提升学习的效率，让学习事半功倍。如果把所要学习的知识当成敌人的阵地，我们就要先对于敌人的阵地有大概的了解。其实，在日常学习中，老师和父母常常向我们强调预习的重要性，目的就在于让我们在与所要学的知识正面交锋之前先大概了解知识。这样一来，我们对于自己能够熟练掌握哪些知识、对于哪些知识感到非常陌生，会有更加理性的认知和大概的掌握，也可以在课堂上带着问题听讲，从而提升听课的效率。有很多学生误以为在预习阶段要投入大量的时间，其实这样的想法是错误的。不预习固然不行，但是花费过长的时间和过多的精力预习也不行。因为预习的学习效率其实很低，面对大多数还不太熟悉的知识，我们只需要大概粗略浏览，做简单的学习笔记，就能区分清楚学习的轻重缓急。

在学校的学习过程中，我们预习之后会带着疑问听老师讲解；而在自学过程中，我们没有老师可以讲解，对此，我们可以通过做习题的方式来检测自己对于知识的掌握情况。这样一来，原本觉得什么都会或者什么都不会的我们，对于自己会的和不会的，就都会有所了解。做完习题再去查漏补缺，认真复习和深入钻研知识点，效果将会好很多。如此之后，再提升习题的难度去做，继续查漏补缺，最终达到对于知识的深入掌握和灵活运用。

在进行知识的初步学习和借助于习题进行巩固学习之后，我们就要处理细节问题。对于那些深奥难懂的知识点，要将其一一列举出来，然后用自己的语言进行解析和表述，就像面对着很多学生深入浅出地讲解那样，直到自己对于这个知识点熟练掌握，不管从哪个角度进行深入了解和审查，都能做到一通百通。这样一来，我们就实现了对于细节的熟练掌握，也就可以做到学习上的一个重要要求——举一反三。与此同时，举一反三也是真正熟练掌握一个知识点的标志，那就是能够熟练运用知识点。在对某一个知识点达到这样的理解和掌握程度之后，接下来要做的是强化。当把这一套流程烂熟于心后，可以说，我们就具备了很强的自学能力，在有了一定的知识基础之后，对于很多知识的学习我们都可以采取这样的方式去进行，也可以在自己感兴趣的知识点上进行深入钻研和探讨。尽管新生儿从呱呱坠地就具备一定的学习能力，但是他们的学习更多的是出于本能。随着不断的成长，学习的进程推进，我们必须掌握更加强大的学习方法，才能在学习上触类旁通，深入了解和掌握各种知识，才能够对知识加以灵活运用。

把阅读碎片整合起来

在如今这个时代里，电子商务飞速发展，很多人的时间都被各种电子产品分割零碎，变成了碎片化时间。为此，对于读书而言，如何利用好这些碎片时间，进行碎片化阅读，是很重要的。否则，若一个人不能利用碎片时间进行碎片阅读，那么他根本没有大段的时间去获取知识，读更多的书，也就会因为阅读量太少而导致自己非常被动。其实，利用碎片时间进行的碎片化阅读，也是需要我们把阅读碎片整合起来的。只有这样，那些阅读碎片才会更加有序地呈现在我们的知识体系中，从而对于我们的成长有更加积极的促进作用。

如何才能把阅读碎片变成完整的知识体系呢？在传统纸质图书受到

电子产品强大冲击的情况下，利用碎片时间阅读的情况越来越常见，为了把阅读的碎片整合起来成为一个整体，我们要更加理解阅读的深刻含义，也要对于自己的信息量摄入和阅读的内容有一定的目标与方向。如今，有很多成人在零碎的时间里动辄看一看朋友圈，或者看一下搞笑的视频，再或者看看某个明星的花边新闻，他们本身对于阅读就没有目标和方向，为此把这些零碎的内容进行整合也就会变得很困难。如果能够在阅读之初就有的放矢地进行选择，则后期的整合会进展得更顺利。

尤其是使用微信的人，会发现各种各样的公众平台都在进行平台推送，这是一种广泛的推送，是放之四海而皆准的，并没有一定的规律，也没有形成中心思想。这是为了让用户利用碎片时间进行阅读，但是它也割裂了用户对于知识的整体把握，导致信息和阅读内容的碎片化。这对于孩子整体地掌握知识并没有好处，也常常会让孩子在学习的过程中受到很多的困扰。

从本质上而言，碎片阅读就是离散阅读，在这个凡事都进入快餐模式的时代里，很少有人能够耐下心来去读厚厚的一本书，甚至连看一篇长长的文章都不可能做到。因为短平快，所以碎片阅读属于浅层次阅读，对人的思维触动浅尝辄止，而无法使人沉浸在阅读的内容之中。很多喜欢读长篇经典小说的人会发现，若沉浸在小说的情节和情感之中，往往很长时间都不能自拔。而这样的心得体会，在碎片阅读的过程中是不可能有的。当然，这里并非是说碎片阅读不好，毕竟社会的发展趋势就是如此，所以我们要灵活对待，如利用大段的时间去阅读经典，沉浸其中，而利用碎片时间去读一些短平快的小文章，让自己的理解迅速达成，也能够浅浅地触动心灵，这样一来，既没有丢弃沉浸式阅读，也兼顾了浅层次阅读,可谓一举两得。

在互联网时代里,碎片阅读既给人的阅读行为带来了很大的便利,也使人在阅读的时候陷入弊端之中无法自拔。和沉浸式阅读相比,碎片阅读更适合接收简短的资讯,或者是那些相互不关联的小小鸡汤文。如果想要通过阅读学习,则必须学会把阅读碎片整合起来,或者最好抽出大量的时间沉浸其中去努力学习,这才是最重要的。

具体而言,要想提升碎片阅读的质量,我们首先要对内容进行筛选,提升内容的含金量。其次在阅读的过程中要勤于思考,深入思考,可以对所阅读的内容进行深入发掘,也可以在思考过程中与其他知识点关联起来,这样就能不断地变通,从而提升对于知识的理解和领悟能力。最后,虽然是利用碎片时间进行阅读,每个人每天的生活规律都是相似的,为此我们也可以有意识地安排碎片阅读的时间和内容,从而做到提前谋划,也根据不同碎片时间的特点选择最合适的内容进行阅读。总而言之,时间是生命之中最宝贵的资源,我们唯有学会利用时间,才能够在碎片阅读的过程中不断地提升自己,完善自己,让自己通过读书得以成长和充实。

如何在信息爆炸时代把握学习的形势

如今正处于信息大爆炸的时代,对于这样的说法,相信没有人会拒绝。随着信息大爆炸,知识的更新速度也越来越快。曾经有人经过调查发现,在几十年前,大学生在大学里所学习的知识,可以供给自己使用

20年的时间。而在今天，大学生尽管在大学里学习了更多的知识，但是在他们还没有走出校园的时候，知识就已经过时和落伍了。为此，走出大学校园不再意味着不需要学习，而是意味着更要加快速度开始学习，这样才能适应时代发展的需要。当然，社会中的学习和学校里的学习是不同的。学校里的学习更加系统和全面，而社会里的学习则主要是利用工作之余的时间进行，为此时间会相对零散，而且，孩子们一旦步入社会，生活会变得更加复杂，心思也会变得微妙起来，未必能够完全静下心来进行学习。在这种情况下，作为学生，我们要如何把握学习的形势，尽量争取在离开校园之前就能有的放矢地充实和提升自己呢？

在当今社会，人手一部手机，甚至连小学生都配备有手机。而手机则像是一个移动的电脑，不但可以存储少量东西，也可以与网络连接，推送大量的实时信息。尤其是在各种各样的论坛、微博、微信里，手机的实时新闻更多，为此很多人漫不经心看过新闻就忘记了，也丝毫没有意识到这样做是在浪费时间。当然，手机也并非一无是处，很多孩子一旦看手机就马上精神抖擞，哪怕只是浏览一些简单的内容，他们也会感到很亢奋。在这种情况下，就要把玩手机和学习交叉进行，从而起到有效调节的作用。

总而言之，事在人为，很多事情本身并不坏，是因为无节制无限度才会变得糟糕，只要恰到好处地运用，也许就会起到积极的作用，也会对人生的成长有积极的促进作用。此外，间歇性通过看手机来振奋精神，还可以让我们对于学习状态有更好的转化。就像一个人在花钱之后就会有更大的兴趣和勇气积极赚钱，同样的道理，一个人在因为玩手机而消耗10分钟时间之后，对于学习的兴趣也会不断增长。这样的心理是很微妙的，接近于互偿心理，也是一种弥补心态的体现。

　　进行这样的交叉，除了让我们产生对于学习的弥补心态之外，还可以让我们对于学习产生兴趣。虽然每一个孩子都不喜欢枯燥的学习，但是在现实生活中，我们最终会发现，我们还是需要学习的，甚至当我们被逼迫着坚持学习之后，会发现学习也是很有趣的。为此，我们在终止学习而玩手机的短暂时间里，想到的都是学习带给我们的乐趣，说不定还会因此觉得因为玩手机而打断原本顺畅的学习过程是一种罪过呢！这样一来，我们对于学习的热情会空前高涨。

　　不可否认的是，在这个时代里，很多人都被手机绑架了，很多孩子也是如此。让孩子彻底丢下手机专心致志地写作业，似乎很难；而让孩子放下作业，痛痛快快玩手机，更是不可能做到。为了激发自己对于学习的兴趣，我们为何不把学习和玩手机交叉进行呢？渐渐地，你就会发现你对于玩手机的兴趣已经转化到学习上了，这样一来，我们做喜欢做的事情，学喜欢学的，自然会事半功倍。

　　当然，不要误解，这里不是说每个孩子学习一个小时就要玩手机，这样很容易让孩子心神涣散。对于学习，每个人的能力都是不同的，也许有的孩子只能保持40分钟的注意力，而有的孩子却能够保持2个小时的注意力。为此，我们就要因人制宜，根据自己的实际情况去制定组合拳，学习1个小时+必须玩10分钟手机，或者学习2个小时+必须玩5分钟或5分钟手机，这都是根据每个孩子的情况去制定的。在这记组合拳之下，你会发现自己非但没有因为玩手机而影响学习，反而对于学习的兴致越来越高，而且渐渐地不愿意因为玩手机而扰乱自己学习的思路了。这样一来，我们就达到了目的，也可以在学习方面表现得越来越好。

在这个各种各样的信息涌动的时代里，要想把握好学习的形势，要想消除外界的各种干扰专心致志地学习，当然不是一件简单容易的事情。最重要的在于，我们不要排斥这个时代，也不要觉得电子的东西就一定是不好的。只有灵活运用各种条件，我们才能争取到事情最好的结果和效果，才能在成长过程中不断地努力进取，持续进步。

假期在家里也适合学习吗

相信很多孩子都有这样的感触：每当到了放假前夕，总是心神不宁，对于学习根本丝毫不在状态，而只想着赶快放假，然后等到放假期间再努力学好很多的知识，查漏补缺，弯道超车。这个时候，放假似乎就是救命稻草，仿佛所有问题只要等到放假，就都可以得到解决。然而，真正放假之后呢？家里总是有亲戚来串门，即使只是全家人在一起，也会有各种丰富有趣的活动，或者是聚餐，或者是唱歌，总而言之根本不能安静和消停下来。就这样，我们根本没有时间用于学习，也因为外界的干扰因素太强，最终到假期结束的时候连作业都是连夜补的，更别说是在假期查漏补缺了。当然，这是大多数孩子的状态。那么对于少部分学霸孩子而言呢？现实就是，他们即使在家里，也能专心致志地学习，也能把学习学好，而真正做到弯道超车。

不得不说，假期是一个绝佳的时机，可以用来和同学之间拉开差距。因为不可能每个孩子都去查漏补缺，也不可能每个孩子都有那么大力度的学习。为此在一个长假过后，细心的孩子们会发现班级里很多孩子都有了改变，甚至原本学习上总是考倒数第一的孩子，也进步了十几个名次，而自己原本沾沾自喜在班级里遥遥领先，不知不觉间就被别人赶上甚至超越了。从这个意义上来看，要想在假期里弯道超车，其实也不是那么容易的事情，必须要有极其强大的自制力，才能在大家都休假的时候，专心致志地学习，开足马力前进。

具体而言，要想做到在家里也能认真学习，保证学习的效果，就一定要做到以下几点。

首先，早晨不要贪图睡懒觉，而是要和平日里上学一样在闹钟的提醒下起床。如果实在觉得太过困倦，顶多可以比平日里多睡一个小时补补觉，而不要赖在床上不愿意起床。细心的孩子会发现，若早晨6点半起床，那么上午是很漫长的，这意味着上午作为最佳的学习时间也被拉长。而如果等到10点才起床，那么起床之后洗漱、吃饭，也许要到12点才能折腾完，这样一来，原本一整天的时间就只剩下半天时间。如果太过困倦，可以延迟到7点半起床，最晚不要超过8点，起床之后必须迅速洗漱、吃饭，然后留出大段的时间学习。很多人在进行运动之前都会做一些热身动作，缓缓地唤醒自己的身体，学习也是如此。一个人如果只有半个小时时间来学习，那么，刚进入学习的状态，时间就结束了，这样显然是不利于提升学习效率的。当然，在节假日里起床是需要更强大的毅力的，尤其是在寒冷的冬天，温暖舒适的被窝让每一个人都流连忘返。

其次，当在家里面临太多的干扰因素时，如果不能控制好自己，那就把自己与这些干扰因素隔离开。例如，你才捧起书本就昏昏欲睡，特别想躺在床上睡觉，或者特别想拿起手机玩一玩，甚至想与同学们去操场上疯狂玩乐。毋庸置疑，孩子的本能就是爱玩贪玩，因此有这样的想法也是可以理解的，最重要的在于不要总是控制不住自己，而是要提升自己的自制力，或者索性拔掉电话线，远离电脑和手机，把自己关在只有书的书房里完成作业，阅读书籍。有些孩子特别追求平等，每当看到家里其他人在看电视或者出去玩的时候，总是会内心不平衡，质问："为何别人都在玩，我却要学习呢？"这样的想法让孩子恨不得马上丢掉书本，获得平衡，而实际上父母之所以要休息，是因为父母已经坚持工作和学习很久，而弟弟妹妹之所以不用学习，是因为他们还很小，需要在玩耍和游戏中学习。这么想来才能平复自己的内心，才能更加积极地投入学习状态中。

再次，不要总是认为自己在家里，也不要暗示自己家就是慵懒舒适的地方。正是因为在家里，虽然有干扰因素，但是也可以避免吵闹，从而让自己从起床开始到中午吃饭之间，有大段的时间可以用于学习或者读书。当然，人的时间和精力是有限的，尤其是孩子，注意力集中的时间也有限，为此要抓住高效率的时间学习和读书，这样才能节省出更多的时间痛痛快快地玩，调剂自己的心情；不要总是给自己安排过多的学习内容，导致把时间和精力分散之后，贪多嚼不烂，最终每一件事情都没有做好。

最后，你一定很羡慕班级里那些轻轻松松就能把学习搞好的同学，也认为他们有独特的天赋。殊不知，他们在你看到的时候正在玩耍，在你看不到的时候始终勤奋刻苦，为此不要臆想其他孩子随随便便就能考取好成绩。所谓一分付出一分收获，在这个世界上从未有一蹴而就的成功，也没有天上掉馅饼的好事情，我们必须抓紧时间学习，努力读书，充实和提升自我，才能出类拔萃，获得更好的成长和发展。

如今，有很多方式可以帮助我们定时定量完成学习任务，如闹钟、沙漏等，都是计时的好帮手。有心的孩子会发现，面对同样的学习任务，如果提前设定时间，效率就会大幅提升，如果没有提前设定时间，而是任由自己慢慢吞吞地去做，则效率就会大大降低。时间，永远是生命历程中最宝贵的材料和资本，不要浪费时间，只有珍惜时间的人才会得到生命的慷慨馈赠，也只有在生命历程中不断努力前行的人，才会有更大的希望到达人生的目的地。

保持可持续学习的能力

现代社会提倡可持续性发展。所谓可持续性，就是既可以保证当下的成长需要，也可以保障未来的不断进步，而让成长和进步从不间断。例如，人们提倡地球上的资源应该可持续发展，若是把很多资源都肆无忌惮地挥霍掉，那么等到后代长大成人，就没有资源可以利用。这就是杀鸡取卵式的发展，是不科学的，也是不被提倡的。当人们对于可持续性发展的认知越来越深刻，作为独立的生命个体，作为孩子，我们也要保持可持续学习的能力，这样才能避免涸泽而渔，才能让自己始终保持良好的学习状态。

若你突然中止了很长时间都没有学习，等到再拿起书本想要静下心来学习的时候，你就会发现自己学习的状态很差，甚至完全不在状态。你总是学习几分钟之后脑海中就蹦出其他的事情，也总是为形形色色的人和事物分心。这到底是为什么呢？其实，就是因为你失去了学习的状态，要想再次进入学习的状态很难，也很缓慢。为了提升学习的效率，最好的办法是不要让自己的感受脱节，不要让自己已经掌握的能力被遗忘和迷失，而是要保持一个持续的状态，这样才能在再次想要进入学习状态的时候，很轻松就达到良好的学习状态，才能够保证学习的效率不受到影响。

当你今天能够轻而易举就坐在那里学习几个小时、把板凳都焐热了的时候，一定不要丢掉这个习惯。因为你养成这个习惯需要漫长的时间，让自己适应这个行为也经历了很多辛苦，但是你只要几天把学习抛之脑后，完全不把学习当成一回事情，你就会失去对于学习的兴趣，甚至连学习的能力都会减弱。这样一来，再想把好习惯找回来，就会难上加难。

很多孩子都是在走出大学校门、进入社会生活之后，才发现学生阶段是多么可贵，是多么美好。学生阶段，总是有大段的时间用来学习，很容易就能学得废寝忘食，然而在工作状态下，一边要工作，一边要学习，无形中就会导致自己对于学习三心二意，好不容易有半个小时的时间坐下来捧起书本，才过了十分钟就有各种各样的事情需要忙碌。为此，工作之后，如果你能够在业余时间花费大量的时间坚持学习，你一定会成为很厉害的人物。

若我们对于学习失去可持续发展的能力，就无法做到有时间就捧起书本学习，而是常常看着碎片化时间从自己身边悄然溜走，却不愿意见缝插针地读书。等到有了大段的时间可以读书的时候，又因为工作辛苦和劳累，而只想看一看电视剧，或者慵懒地躺在床上。不得不说，学习能力的退化也导致我们的成长遭遇局限和障碍。每个人都是这个世界上独一无二的生命个体，为此，每个人也都有属于自己的学习方法。在学习方面，我们固然要学习他人的方式方法，但也要摸索出来独属于自己的有效方法，这样才能在学习中更加高效率，才能让自己在学习方面独具一格，绝不与人雷同。

此外还需要注意的是，人的本能就是趋利避害，孩子还很贪玩爱玩，为此要想督促自己始终保持良好的学习状态，就要戒掉自己的懒惰，改变拖延的恶习，从而让自己在学习的过程中突破瓶颈期，发现学习的乐趣。这样才能激发自身对于学习的内部驱动力，保持长久的学习兴趣和热情，最终在学习上获得更多的收获和成长。

形成做读书笔记的好习惯

人们常常以海洋来形容知识的浩渺，的确，知识就是海洋，种类繁多，内容充实，如果不认真仔细地进行分类，甚至常常会迷失在其中，因为有些不同学科的知识之间是相通的，也就常常会让人们混淆。当然，在知识的海洋里遨游的时候，哪怕是已经养成了阅读习惯的孩子，也未必能把自己读过的书都记下来，更不可能在繁杂的知识点中总结出顺序来。为此，我们一定要养成做读书笔记的好习惯，这样一则可以帮助记忆，二则可以整理知识的层次和顺序，三则有助于形成记笔记的好习惯。

俗话说，好记性不如烂笔头，在最初看到有些知识很有用或者让人怦然心动的时候，我们往往会把这些知识记录下来，但是在几天过去之后，我们就会把这些知识完全忘记。这是符合心理学家斯宾塞提出的记忆曲线的。为此，我们不要因为自己在看到某些内容的当时很有感触，就误以为自己一定能够当即记下这些知识，实际上再好的记忆力也会遗忘，这是人的生理规律，是不可逆转和对抗的。我们所要做的，就是采取有效方法增强记忆力，这样我们才能对抗遗忘，才能在学习的过程中积累更多的知识。

看书，一定要做读书笔记。很多孩子误以为读书笔记就是一定要写下来，实际上读书笔记有很多种方式，如剪报。如今，电子产品普及很广泛，为此看到好的电子书，还可以复制粘贴，或者在360图书馆里，还可以直接把一本书转载。这些方法都是很高效的。不过，效果最好的方式还是摘抄。当所需要做笔记的内容不那么多的时候，不如就采取一个人一本书一支笔的方式，把让自己怦然心动的内容照抄下来。之所以说抄录的方式效果最好，是因为抄写的过程会起到加深理解和记忆的作用，从而让我们印象更加深刻。

当然，凡事都无须拘泥于一定的方法。正如一位伟人曾经说过的那样，不管是黑猫还是白猫，只要能抓住老鼠的就是好猫。我们也要说，不管是怎样的摘抄习惯和方法，只要是能够起到好作用的，就是好的方法。此外，我们也无须盲目学习别人的方法，而是可以根据自己的特点，来发展最适用于自己的方法，这是最好的方法。

任何事情都不可能一蹴而就获得成功，为此，要想让自己通过做读书笔记的方式提升读书的效率，提高读书的效果，我们就要坚持去做。很多孩子才做了几次剪报和读书笔记，就抱怨这样的付出是无效的，不得不说，这不是无效，也不是没有回报，而是还没有到得到回报的时候。古人云，不积跬步无以至千里，不积小流无以成江海。作为孩子，我们原本就处于学习和成长的关键时期，一定要摆正心态，有足够的耐心坚持付出，有足够的毅力坚持等待，这样才能最终得到丰厚的回报。

  那么，有那么多做读书笔记的方法，我们要如何选择和取舍呢？相比之下，手工抄录效果最好，但是速度很慢，为此不适用于长篇累牍地收集资料；通过电子工具去直接转载或者收录，或者是复制粘贴，往往效率很高，而且能取得良好的效果，是很方便快捷的；剪报的方式更加适用于报纸杂志等，对于有收藏价值的书籍等，不适用这个办法，否则就会把书籍弄得面目全非、惨不忍睹。除了从内容上进行区分之外，还可以根据自身的脾气秉性等特点，选择最适合自己的摘抄方式。不管采取哪种方式，我们都要努力坚持，才能得到良好的效果，若做事情三心二意，虎头蛇尾，则连简单的事情也做不好，更不要说做这种需要长期坚持的事情了。

  好的笔记，是可以当成一本书去读的。在遇到一本好书的时候，我们不要吝啬自己的力气，而是要努力做好笔记，这样有朝一日想要回顾书本中的内容时，才能翻开读书笔记去看，才能瞬间想起来自己曾经做笔记时候的情形，并回忆起书本的内容。

第7章
你是在为自己而活，也是在为自己读书

如今，网络上流传着很多父母为了督促孩子学习和读书而与孩子发生矛盾和冲突的事情，甚至有些父母被气得心肝肺都疼，心脏病发作，不得不住进医院。的确，很多父母都焦虑如何才能解决孩子的学习问题，让孩子自发主动地读书学习。实际上，这是思想意识的问题，很多孩子都把读书学习看成父母的事情，只有当他们意识到是在为自己读书和学习的时候，他们才能真正端正心态，形成正确的思想意识，从而为自己读书，为自己学习。

为自己而活，创造美好未来

每一个妈妈都要经历十月怀胎的辛苦，才能把胎儿孕育成熟，到瓜熟蒂落。有些妈妈在分娩的时刻，还会遭遇很多的痛苦与磨难，感受到迎接新生命到来是一件非常艰难的事情。俗话说，孩奔生，娘奔死，也告诉我们妈妈在分娩孩子的时刻有多么危险，又承担了多么大的生命风险。为此，在孩子出生之后，父母总是非常疼爱孩子，恨不得为孩子提供一切最好的条件，恨不得让孩子享受世界上所有的幸福和快乐。然而，父母尽管给了孩子生命，却没有办法代替孩子过好一辈子。更多的时候，孩子要为自己而活，也要亲手去做很多事情，才能为自己创造美好的未来，铸就充实精彩的人生。

父母即使再爱孩子，也不可能始终陪伴在孩子身边，更不可能永远都为孩子挡风遮雨。为此，有人说父母对孩子最大的害，就是对孩子的溺爱，其实是很有道理的。随着时光的流逝，父母一天天老去，孩子一天天长大，为此，父母要求孩子能够为他们支撑起一片天，却完全忘记了自己曾经多么溺爱和骄纵孩子，导致孩子从未吃过生活的苦，更不曾为生活担忧过，在这种情况下，父母对于孩子突然拔高的期望，与孩子一直以来在父母庇护下形成的低下能力之间，就形成了强烈的反差。父母不再溺爱孩子，也没有力气再为孩子处理好一切，而当他们想要依赖孩子的时候，却发现孩子根本无法给他们依赖。不得不说，孩子之所以成为一个巨婴，与孩子固然有关系，但与父母对孩子的教养方式有更大的关系。为此，父母不管多么爱孩子，在教养孩子之初，都要坚持一个原则，那就是要学会对孩子放手，让孩子有能力去做好很多该做的事情，也更加健康快乐地成长。唯有如此，孩子才能在父母的引导和教育下茁壮地成长，拥有独属于自己的人生。

作为孩子，我们也应该认清楚一点，那就是孩子的生命是父母给的，但是孩子并非父母的附属品或者私有物，每一个孩子都是独立的生命个体，在这个世界上和父母一样享有独立的地位和完全的人格。而新生儿从呱呱坠地开始，就不断地努力成长，学习很多人生必备的技能，内心也不断地发展和成熟，对于人生和世界的理解更加深刻，更加生动。在此过程中，他们逐渐地脱离父母，成为独立的人。台湾作家龙应台曾经在一篇文章里写道，所谓父母子女一场，就是父母看着子女渐渐长大，背影渐行渐远。正是在这样目送的过程中，父母渐渐地在孩子的生命里退居幕后，而孩子则渐渐地离开有父母的生活，去开创自己崭新的人生天地。

人生之中，最大的成功是什么？不是活成父母所期待的样子，也不是获得别人眼中的、世俗意义上的成功，而是要活成自己真实的模样，获得自己独特的成功与人生。孩子一定要知道自己与父母之间的关系，而不要总是习惯于依赖父母的关心和照顾，也不要为此就永远长不大。每个人都是自己人生的主角，归根结底需要自己面对人生，所以不要把人生的希望寄托在别人身上，也不要总是胆小怯懦，不敢在人生的道路上迈步。记住，若你勇敢无畏，你就可以踏平人生，若你努力向前，你就可以在人生的海洋上扬帆起航。你的人生你做主,你做好准备了吗?

有资本,才能过上想要的生活

现代社会,别说是年轻人梦想着成功的人生,很多青春期孩子也正在从懵懂走向成熟,对于人生中的很多事情有了深刻的理解,也在梦想着获得成功的人生和理想中的生活。但是,生活中那些美好的事物,绝不是我们想一想就可以得到的,也不会在人生中从天而降。更多的时候,我们必须努力经营好人生,并努力成长,让自己具有人生的资本,才能过上想要的生活。遗憾的是,很多孩子尽管嘴上说得很好,对于生活的幻想也非常美好瑰丽,但是一旦要落实到实际生活中,就总是会胆小怯懦,并常常因此而畏缩,失去行动力。这是因为人的本能是趋利避害,而孩子往往贪玩心重,更不愿意放弃玩耍的时间去努力学习和刻苦拼搏。如果说成人对于自己想要的东西有着强烈的欲望,也有很强的自制力,也可以帮助自己更加全力以赴,奔向人生的伟大目标,那么孩子对于人生虽然有着很多美好的幻想和憧憬,却常常会在吃苦奋斗的过程中迷失,也总是因为感到疲惫或者受到失败的打击就颓然放弃。

古人云,宝剑锋从磨砺出,梅花香自苦寒来。没有任何人的人生是可以一蹴而就获得成功的,更没有任何人的未来是天生就璀璨夺目的。成功,不管是大还是小,不管是远还是近,都需要我们非常努力地进取,勇敢无畏地前行,点点滴滴积累,才能积少成多,聚沙成塔。为此，尽管时代的发展很快，每个人都有一颗急功近利的心，却也还是要学会淡然从容地应对人生，这样才能让自己在人生之中收获更多，获得更多的成长。否则，总是这样在人生中感到迷惘和困惑，并常常在人生之中迷失自我和方向，则人生只会事与愿违，甚至南辕北辙。

此刻，孩子在美好生活中拥有的一切都是父母提供的，为此不要总是沾沾自喜，也不要觉得自己理应享受这一切。在人生成长的道路上，一定要无所畏惧，勇往直前，也要努力奋斗，坚持进取，才能更加勇敢地面对未来，才能迎接人生到来。随着逐渐长大，我们理应越来越懂事，不要因为自己此刻拥有的安逸生活就迷失，就不知进取，而要更加全力以赴，努力学习。因为今日的学习、进步和成长，才能让明日的我们拥有更多的资本，与命运博弈，获得自己想要的人生。否则，就这样在人生之中迷失，就这样贪图安逸的享受而不思进取，则未来我们一定会更加怅然若失，更加忧心忡忡，也会更加失去人生的方向，无法真正操控和把握人生。

有人说，理想是丰满的，现实是骨感的。的确，现实不仅骨感，还很残酷。很多时候，我们对于现实妥协，现实不但不会可怜和同情我们，还会以更加沉重的打击让我们觉得内心沉痛，无力反击。也有些孩子会说：人生这么反复无常，我哪里知道自己要怎么做呢？的确，人生是反复无常的，我们要做的不是为了应付人生的各种改变而疲于奔命，而是笃定自己的心，努力提升和完善自己，让自己变得更加强大，这样我们才能以坚强的实力从容面对人生，才能以不断成长的方式让人生更加努力进取，拼搏向前。

曾经，有一个女大学生失联，后来，这个女大学生的遗体被找到。

她在临死之前给父母和家人留下了遗书。遗书的内容让人感到很悲哀。这个女大学生虽然没有抱怨父母的贫穷，却明显表现出对于现实生活的不满，她几次提到自己家境贫困，没有办法和其他同学一样拥有一世无忧的生活。在自杀之前，她还曾经向父母要两万元钱，父母也曾经接到高利贷的电话，说她欠下两万元钱。联系前前后后的因果和各种浮于水面的表象，不得不说，她很有可能因为在大学里欠下钱，又无法还清，不能从父母那里得到经济上的援助，所以被逼上了绝路。如今的孩子是怎么了？有些孩子内心的欲望很强，尤其是在进入大学之后，身边的环境不再那么单纯，为此他们就会借钱消费，却从来不想一想这样的钱要如何还。当在一条路上走得太远，他们就无法回头，再看看普通的家境，未免觉得内心绝望。的确，那些出生在富贵人家的孩子有好运气，一出生就能拥有更多，而那些出生在普通人家的孩子难道运气就不好吗？当然不是。命运总是公平的，让人失去一些东西，也让人得到一些东西，为此不管出生在怎样的家庭里，都要摆正心态，端正人生态度，才能经营好人生。否则，如果总是这样懵懂，总是对于辛苦生养和抚育自己的父母有过高的要求，无疑是让人很悲伤和无奈的。父母只对他们的人生负责，只需要为孩子提供基本的生存保障，孩子如果志向高远，渴望拥有更好的人生，就要靠自己努力奋斗去得到，而不是抱怨父母，更不是对于人生不满，甚至为此采取极端的手段。

当我们足以以强者姿态傲视人生时，那么不管人生是顺境还是逆境，不管人生是坦途还是坎坷，我们都总是能在人生历程中坚定不移地前行，无所畏惧，勇往直前。记住，生命从来没有彩排的机会，古人云，少壮不努力，老大徒伤悲。当拥有青春年华的时候，我们一定不要畏缩恐惧，而是要激发自身的潜能，让自己在人生的道路上拼尽全力去学习和成长，这样才能有真才实学，才能畅行人生！

为自己读书，让人生绽放

很多年幼的孩子都不知道自己为何要读书，又因为有很多父母对于孩子采取错误的引导方式，每当孩子学习进步或者考试成绩好，父母就会不由分说地给孩子物质奖励，渐渐地，孩子就会误以为自己是为了父母学习。从心理学的角度而言，孩子的学习动力可以分为两种：一种是内部驱动力，另一种是外部驱动力。内部驱动力是更加持久和长远的动力，可以给孩子提供源源不断的学习力量。而所谓外部驱动力，就是外部的物质和金钱奖励，也许会在短时间之内激励孩子，但是长久下来，外部驱动力对于孩子的力量就会越来越弱，最终无法真正地驱使孩子努力进取，保持学习的积极性和热情。

为此，父母千万不要在教育孩子方面犯目光短浅的错误，而应让孩子意识到学习是自己的事情，读书也是为了自己。也许这样的教育在前期无法有效地激励孩子，但是随着时间的流逝，孩子越来越成熟，就会认识到学习和读书都是为了自己，就能做到有效地激励自己坚持勤奋学习，努力读书，未来对于学习的各种表现也会越来越好。

同时，孩子一定要意识到读书是为了自己。首先，父母有父母的生活，父母在给孩子提供成长的各种条件时，也在努力地改善生活，提升生活的质量。其次，孩子还要知道，自己不可能一辈子依靠父母生活，为此哪怕父母此刻为孩子提供的条件再好，也只能保证孩子在父母还有能力的时候生活无忧。那么，当时光不断地流淌，孩子越来越长大，父母也越来越老迈，父母还能继续照顾孩子吗？这个时候，孩子已经长大成人，不但要对自己的人生负责，还要肩负起照顾父母的重任，可想而知肩膀上的担子还是很沉重的。为此孩子一定要摆正心态，从现在开始就努力认真地学习，不断地提升和完善自己，这样才能让自己的人生拥有更加美好的未来，才可以让自己的未来拥有更多成功的可能性。

俗话说，靠山山会倒，靠人人会跑。在生命的历程中，每个人都要全力以赴地做好自己，才能在成长的道路上更加执着地前行，绝不畏缩和放弃，绝不缴械投降。每个人都在与命运进行一场博弈，作为孩子，哪怕我们出生在穷困的家庭里，即使穷尽一生去努力也无法获得其他孩子在富贵人家一出生就拥有的一切，我们也依然要拼尽全力去拼搏，也要无所畏惧地勇往直前，这样才能在人生的道路上更加一往无前，努力奋进与成长！

只要我们明确这个道理，就不会依然觉得读书是为了父母。退一万步而言，就算我们通过读书改变了命运，将来长大成人之后可以更好地孝敬父母，让父母安享晚年，这也是尽孩子的责任和义务，完全是我们的分内之事，完全是我们理所当然应该去做的事。记住，你只为自己而活。要想活得精彩，要想活出自己的样子，我们就要非常辛苦和努力，而绝不向人生屈服，更不能轻易放弃在人生中的拼搏努力与不懈进取。

拓宽视野，明确人生

一个人站在怎样的高度，就决定了他能看到怎样的人生。常言道，站得高，看得远。在人生之中，我们要想拥有大格局，就一定要拓宽自己的视野，明确人生的方向。很多人在人生的道路上总是会感到迷惘，尤其是孩子，因为人生经验匮乏，缺乏人生的历练，所以在看待很多问题的时候都会陷入局限之中，难免会犯鼠目寸光的错误。记得曾经有一位名人，说自己是因为站在巨人的肩膀上才会获得更加成功的人生。其实，作为孩子，我们也要学会站在巨人的肩膀上，从而眺望人生，对人生的理解入木三分。这样一来，我们就可以明确自己在人生的道路上要如何去走，也会对人生做到胸有成竹。

那么，如何才能站在巨人的肩膀上呢？要想做到这一点，就要努力学习，多多读书。毕竟对于人生而言，从未有一蹴而就的成功，而每一个新生命在呱呱坠地的时候，起点都是相似的，自身条件相差无几。决定人们最终是成功还是失败的，并不是先天条件，而是每个人在后天的努力。一个人真正努力，总是能够赢得人生的各种好机遇，也可以在与曾经的伟大人物进行思想交流的过程中，让自己变得更加明智，更加犀利。如果总是这样对于人生懵懂无知，根本不知道自己应该如何获得成功，那么未来也就会陷入各种困境之中无法自拔，更是会导致人生迷失、沉沦。

孩子们要想拓宽视野，除了要学习学校里的系统知识之外，还应该多多读书，让自己的心智更加打开，让自己的内心更加博大，从而可以在面对人生的时候有更好的成长，有更加深刻的感悟。如果总是懵懂无知，总是浑浑噩噩地度过人生，则进步一定很慢，未来也让人堪忧。

想要拓宽视野，还可以多读一些名人传记，通过了解名人如何决策人生，让自己有更为开阔的气度和辽阔的胸怀；还可以经常读历史，读历史使人有大局观念，能够纵横开阔地看待人生，这显然是非常重要的。总而言之，书籍是人类精神的食粮，我们既要认真学习学校里的书本知识，也要利用业余时间多多读书，这样才能浸浴在书香之中，才能更好地面对人生，全力以赴地经营人生。

在有了开阔的人生视野之后，我们还要学会确立人生的目标和方向。大家都曾经学习过《南辕北辙》的故事，也都知道很多有利的条件，一旦方向错误，就会陷入被动的状态，就会事与愿违。为此，我们要先确立人生目标，再确立人生方向，从而有的放矢地朝着人生的伟大目标前进，经营好人生。如果总是在人生进程中浑浑噩噩，如果总是面对人生不知方向，则即使非常努力，也无法取得良好的结果，更不可能在人生历程中勇往直前，开疆拓土。青少年正处于学习的好时机，如果不能有的放矢地学习，如果不曾意识到今日的学习是为以后的成长和发展奠定基础，那么就会老大徒伤悲。时光是不会倒流的，我们终究要对逝去的青春加以缅怀。为了让自己无怨无悔，我们从现在开始就要努力向前，把握青春的好时光学习好、成长好，这样才能无愧于青春，才能在成长的道路上事半功倍、砥砺前行！

用知识充实自己的心灵

敬爱的周总理小时候曾经说过,为中华之崛起而读书。不得不说,这样的胸怀气度与伟大格局,并非常人所能比。实际上,每个人做每件事情都是有目的需要达成的,为此我们固然要读书,却不能死读书。古人云,开卷有益,只要我们看的书是好书,读书总是有利于我们的成长的。但是,要想令学习到的知识发挥作用,我们除了要读好书之外,还要学会用读书来充实自己的心灵,唯有如此,我们才能做到活学活用,才能把读书的能力更加发扬光大,才能让相应的知识派上用场,为提升我们的人生质量起到积极的作用。

现实生活中,有很多青少年尽管不排斥读书,却把读书与自己的人生割裂开来。例如,他们读书就是读书,学习就是学习,生活就是生活。殊不知,读书和学习都是为生活服务,都是为了提升和完善自身,都是为了让生活变得更加充实美好。有些青少年对于人生怀有怀疑的态度,他们总是懵懂无知,从不觉得自己的人生应该更加理想化,活得更加精彩。这是因为他们缺乏自信,对自己的评估过低,为此就会渐渐地迷失自己,就会导致自己在人生中失去未来的方向。

读书,绝不能读死书,否则就像在死海里游泳,总是浮在表面,而不能沉下去。读书,是不能流于表面的,对于呈现在眼前的知识,我们必须潜心进去,想明白,想透彻,也要能够做到举一反三,才能收到良好的效果。如果总是囫囵吞枣,即使牢牢记住了书中的很多道理,也无法活学活用,将其运用到现实生活中来。可想而知,这样的读书与学习毫无意义,对于人生也不会起到积极的促进和推动作用。

每一本书籍都是作者心血的结晶，都是作者思想的凝练。在人生的道路上，我们必须努力进取，也要全力以赴经营好人生，才能勇敢地向前，无所畏惧地前行。因此，书籍才作为人类精神的食粮世世代代传承下来，作为载体把历朝历代、古今中外无数伟人的伟大思想和传奇事迹都记录下来。正因为如此，人类才能不断进步，世代传承，每一代都比上一代人更加强大和进步，人类的精神文明才能开花结果。

乐乐最喜欢看《西游记》，而《水浒传》《三国演义》和《红楼梦》对他而言都显得略微生涩，需要很耐心地去啃。即便如此，妈妈还是鼓励乐乐："要坚持看，耐心地看，等到你投入进去，就会觉得很有趣。"有一天，乐乐放学回家，兴奋地告诉妈妈："妈妈，我今天破釜沉舟了！"妈妈看到乐乐会使用这个成语，觉得很高兴，问："你怎么破釜沉舟了呢？"乐乐说："今天进行了数学考试，在做最后一道题目的时候，我有些会做又有些不会做，而且有了两种解题思路，却拿不准哪一种解题思路是正确的。为此，我就在进行例行分析之后，把认为正确的回答写在上面，因为再不写就没有时间了！"

听了乐乐的描述，妈妈说："你这也算破釜沉舟？不够，与真正的破釜沉舟相比还有一点儿区别。"乐乐疑惑地看着妈妈，妈妈说："项羽破釜沉舟，是自己凿穿了渡河用的船只，打碎了做饭的锅，还把睡觉用的帐篷也烧掉了。为此，项羽斩断了自己所有的退路，逼迫自己和全体将士只能向前。而你的破釜沉舟是因为考试时间快到了，你没有时间继续思考和权衡，为此只能尽量理性思考，然后选择其中的一种办法。"在妈妈的一番分析下，乐乐觉得很有道理，因而连连点头。妈妈对乐乐说："下一次，希望你可以来个真正的破釜沉舟，那一定很酷!"乐乐点点头,对妈妈说:"放心吧,我一定会的,我要和项羽一样当大英雄。"

乐乐有破釜沉舟的决心,只是行为上相较主动逼迫自己到达绝路还有一定的差异。为此妈妈为乐乐认真细致地分析,一则帮助乐乐更加了解破釜沉舟的含义,二则教会乐乐和项羽一样拥有英雄气概,果断决定。相信在这次沟通之后,乐乐一定对破釜沉舟有了更深刻的了解,也能够在需要作出抉择的时候充满勇气,有大气魄。

不管是校内的读书学习还是校外的读课外书,对于书本里的知识,我们都要认真思考,这样才能掌握知识,才能通过书籍里的人物和事件领悟更加深刻的道理,然后学以致用,充实自己的心灵,指导自己以更加切实有效的方法解决问题,突破人生的各种困境。这才是最重要的,才是对人生行之有效的。

第8章

知识改变命运，读书成就未来

一个人只有掌握知识，才能改变命运，只有坚持读书，才能成就未来。为此每个人要想改变自己的命运，要想主宰自己的人生，就一定要努力学习，通过知识来充实自己的心灵，也要多多读书，与更多的名人、伟人相互交流思想，也让自己的心更加开阔清明，从而让人发生翻天覆地的变化。

书籍让人努力向上

如果你曾经在高峰期挤地铁,你会发现高峰期的地铁里人挨着人,就像沙丁鱼罐头一样,人与人之间挤得密不透风。尤其是在发达的大都市,如果一个人不会挤地铁,甚至会面临上不去、下不来的困境。而在人多的场合里,一眼望去,我们很难看到各种陌生的面孔,而是会看到形形色色的人,看到各种各样的乌黑的头。这是因为如今很少有人会抬着头观察周围的情况,而是都低着头看手机,似乎如今人们已经不会直接观察周围的人和事情,而是要通过手机才能大观天下。不得不说,这样的想法、选择和做法完全是错误的。透过冰冷的手机屏幕,我们能看到什么呢?更多的时候,我们需要与身边有生命的人交流,才能够对于人世冷暖有更加深刻的认知。此外,要想了解更多的时代和那些伟大的灵魂,我们还可以通过散发着油墨清香的书籍去博古通今,促使自己努力向上。

现代社会,发展的速度越来越快,整个时代都处于日新月异的发展和变化之中。很多人为了追名逐利,每天都在如同陀螺一样旋转个不停,总是追逐和争取,却完全迷失了自己的心。网络上报道有个"90后"的年轻美女官员因为被物质和金钱诱惑而迷失了自己,走上了人生的歧途,为此葬送了自己的职业生涯和人生。

关于先成才还是先成人，很多人都曾经有过探讨。最终，人们得出了要先成人而后再成才的结论，因为一个人如果不成人，那么，即使再多的才华也只会成为他作恶的帮凶，这就和一棵大树如果从根部就是歪斜的，根本不可能长成笔直的参天大树是一样的道理。为了让小树苗保持根部的正正当当，人们在小树苗遭遇风雨的时候，会给小树苗培根固本，让小树苗始终都向着最高处生长。而对于一人来说，如果总是因为各种利益和诱惑就迷失了自我，且常常会陷入各种糟糕的状态之中，则一定会因为在人生中迷失，而导致内心失去笃定，失去从容，变得焦灼不安，内心忐忑。如何为人培根固本呢？当然不可能像对待小树苗一样，用木板和绳子固定，而是要多多读书，从书籍中汲取精神的力量和营养，从而让人生努力向上，保持更加端正的姿态。

人，到底为什么读书呢？有的人读书是为了充实自己，有的人读书是为了安守自己的内心，也有的人是为了能够做学问，进入仕途。然而，现代社会，读书已经成为成长的必然，如果说在古代社会只有家境优渥的孩子才能读书，那么在现代社会，每个孩子都要接受基本的教育，继而走上社会。当然，那些有独特才华的孩子，也会在读书的道路上走很远，或者就把做学问作为自己的人生选择。尤其是如今随着人类精神文明的发展，很多人都要通过读书的方式认知和了解自我，并不断地修炼自己的心性，让自己获得更好的成长和更高的成就。

古人云，读万卷书，行万里路，如果说行万里路受到很多因素的影响和限制，那么读万卷书则更加可行。如今，不但有经典的文学作品和书籍，还有很多的工具书、实用性的书籍等，可以满足人们不同层次、不同方面的需求。最重要的是我们要喜欢读书，热爱读书，这样才能在有朝一日走出校园之后，仍非常努力勤奋地成长和进步。保持可持续性学习和发展能力，对于每一个新时代的孩子而言是至关重要的。

多读书，读好书

现代社会，爱看书的孩子越来越少了，他们一则是因为受到社会和父母的影响，所以越来越喜欢看电子产品，二则是因为缺乏书香的氛围，也因为内心浮躁而无法保持内心的淡定和从容，更不可能耐心细致地读书。实际上，电子产品再怎么发展，也不可能取代纸质的书籍，当拿到一本散发着油墨清香的书籍时，内心的满足与安慰是看任何电子产品都不可能得到的，也是无法从朋友圈、网络小视频和幽默小段子中寻得的。在人生的道路上，我们一定要多读书，读好书，如此才能从书籍中获得成长的养料，才能得到精神上的滋养，从而让人生有更好的成长和发展。没有书香浸润的人生是干涸的，不曾得到书香熏陶的人也无法在生命的历程中从容地感知生命，领悟人生的真谛。

古人云，开卷有益，这句话告诉我们，一个人只要打开书来看，就总能得到一些收获。当然，如今的图书市场良莠不齐，而且有一些给人带来负面影响的书籍，为此要想做到开卷有益，就要保证所读的书籍是积极正向的，是好书，是能给人带来益处的。否则，若孩子一不小心接触了恶劣的书籍，则会导致自己受到负面影响，成长也会事与愿违。为此，父母和老师要为孩子筛选优质图书，孩子自己也应该主动避开那些劣质的书籍，从而避免给自己的成长注入负能量。

那么，何为好书呢？很多父母对此怀有误解，觉得只有对学习有用的书才是好书。其实不然。书籍的范围很广泛，除了对学习有用的书之外，广阔的天地中还有数量众多的书籍等着我们去选读。每个孩子的脾气秉性不同，对于学习的侧重点和兴趣点不同，为此在读书的时候也会有所偏好。有的孩子喜欢读文学作品，如小说、散文和诗歌等；也有的孩子喜欢读百科知识，如关于地理、生物、天文等的书籍；还有的孩子喜欢读工具书，如有的孩子就很喜欢读汉语词典，尤其喜欢通过汉语词典理解很多生词的意思。人各有志，每个人的喜好和脾气秉性各不相同，也有的孩子喜欢读漫画，尤其是喜欢看各种搞笑的漫画。在这种情况下，当发现孩子喜欢读的书和学习没有直接的大关系时，有些急功近利的父母就不能接受，总是让孩子多看作文选，多看世界名著。殊不知，只要是好书，孩子就能开卷有益，而要想从书籍中汲取营养，孩子就必须读自己喜欢读的书。可见，开卷有益不但要建立在选择好书的基础上，而且必须是孩子喜欢的书。否则，孩子面对自己不喜欢的书就像看着自己非常厌恶吃的饭菜，根本不愿意吃，还谈何营养呢？

当孩子具备一定的识字量、开始自主阅读的时候，就要积极地选择自己喜欢看的好书，养成良好的阅读习惯，这样才能在每天读书的过程中得到精神的食粮，得到精神的滋养。如此孜孜以求，手不释卷，日久天长，青少年的心灵会越来越充实，借鉴书中得到的各种人生经验和感悟，他们对于人生的理解也会更加深刻。这样一来，他们自然会采取正确的方式面对人生，也能够避免在人生的道路上不知不觉就走了弯路。

我在为自己读书

书籍是人类精神的食粮

自古以来，无数的伟大人物都把书放在至高无上的地位上，例如法国大名鼎鼎的思想家孟德斯鸠曾经说过，爱读书的人更善于独处，就是在生活中寂寞的时刻里，也因为享受着书籍而收获丰满。莎士比亚也曾经说过，书籍之于生活就像阳光之于生命，书籍之于智慧就像翅膀之于鸟儿。由此可见，书籍对人的影响和作用力是非常强大的，每个人要想获取知识，获得成长，都要始终与书籍相伴，如此才能保持旺盛的学习能力，才能让自己的人生变得更加充实且有力量。

古人云，腹有诗书气自华。一个人如果坚持读一两本书，未必会有很大的改变，但是如果能够坚持读几十本、上百本书，一定会有很明显的改变，而且对于自身气质的提升和素质的提高，都会起到很大的作用。为此孩子一定要养成热爱读书的好习惯。如今大多数家庭的经济能力都得以增强，为孩子买一些好书的钱总还是有的。此外，有一些学校里也会有图书室，孩子们只要愿意，就可以从图书室借书看。在一些城市，也开始提倡全民读书，这都是因为读书可以提升全民的素质，也可以让人的内心更加充实笃定。

古往今来，那些伟大的思想，值得纪念的大事件，都是通过书籍才得以流传的。为此，行万里路固然可以开阔人们的眼界，但是读万卷书更容易让人博古通今，即使足不出户，也可以了解世界的人情风貌；即使没有时光穿梭机，也可以回到古代与先哲们进行心与心的交流，思想的碰撞与交融。这就是阅读的魅力，不会受到时间地点的限制，而且总是可以随意地与那些崇拜的先辈进行交流。不得不说，书籍是人类发展至今最伟大的平台,正是因为书籍的存在,我们才能够具有更大的学习和进步空间,也正是因为书籍的存在,历朝历代的思想精髓和文明成果才能代代传承,一代一代发扬光大。

爱读书的人一日不读书就会觉得心里空落落的,不爱读书的人宁愿把时间用来刷朋友圈,也不愿意捧起书籍认真地阅读。不得不说,对于书籍的热爱是每个人人生中最宝贵的财富,若养成阅读的好习惯,则更是使人受益无穷。作为新时代的孩子,作为新一代的希望,我们一定要把读书的好习惯传承下来,也要积极主动地从书中汲取营养,作为人生中不可缺少的养分。青少年时期是每个人一生之中最好的学习阶段,我们一定要努力认真地学习,如此才能更好地面对人生,也一定要抓住最好的时光读书,如此才能充实自己的心灵,促进自己的成长,让自己拥有翅膀,可以在人生中展翅翱翔。

掌握知识与技能,才能畅行社会

在意大利,都灵大学非常有名,因为历史悠久,所以它甚至是剑桥大学、牛津大学的前辈,也比法国的巴黎大学成立更早。在都灵大学的门口,矗立着两座大理石雕像,这两座大理石雕像都是黑色的,右边的是奔腾的马,左边的是一只雄鹰。按照人们一直以来的理解,马是马到成功、策马扬鞭,而鹰则是展翅翱翔、鹏程万里。其实不然。你之所以会这么理解,是因为你不曾知道都灵大学的历史,在仔细研读和了解都灵大学的历史之后,你会发现鹰不但没有高高地飞翔,反而被活活饿死了。原来，这只鹰尽管知道如何飞得更高更远，却没有掌握寻觅食物的能力，为此它在展翅翱翔的第五天就因为没有捕获到猎物而被活活饿死。那么马呢？马一定是千里马，来和鹰进行对比吧！其实，马也不是千里马，而是因为不愿意在磨坊里拉磨，而被送到皮匠家里吃得好干得少，最终被养得膘肥体壮，剥皮做了皮鞋、皮包。

都灵大学正是以这只被饿死的鹰和被剥皮的马在警醒学生们：只有勤于劳动，才能避免忍饥挨饿，失去生命；同时，只掌握知识而不能加以灵活运用，这样的知识是没有现实意义的。

从农耕时代发展至今，社会上自动化程度越来越高，仅仅依靠人力去做的事情和工作越来越少，所以为了适应新时代的发展要求，我们必须更加努力积极地学习和掌握知识，再灵活地运用知识，让知识对我们的学习和生活产生积极的作用，形成强大的助力。在几十年前的计划经济时代里，很多工厂里的人只需要如同老黄牛一样埋头苦干就能被评选为先进标兵，而在现代社会里，职场上是一个萝卜一个坑，而且各个企业和用人单位要求员工必须具有创新精神，把每一项工作都以创新精神做到更好。为此，继续埋头苦干显然行不通，也不能让自己有更好的成长和发展。孩子正处于学习和成长的关键时期，一定要认清楚社会发展的现状，并知道现代社会对于人才发展的新型要求，这样才能有的放矢地学习，有针对性地提升自己的能力，从而让自己符合现代社会的需求，也能够证明自己的价值，把该做的事情做到最好。

俗话说，磨刀不误砍柴工，其实，学习固然没有捷径，却有技巧和方法。方法对了，事半功倍；方法不对，事倍功半。正是因为如此，才会有的人在学习方面轻轻松松就能获得成果，而有的人即使付出了很多，一直在坚持努力，也没有好的收获，更没有巨大的成功。这就是学习方式发生的作用，让人的学习效果截然不同。如果你觉得自己还没有掌握正确的学习方法，那么就从现在开始花费时间磨刀，不断地摸索和前进，从而让自己掌握学习的方式和技巧，也让自己在成长之中有更大的进步和更好的发展。这才是快速提升自己，让自己具备知识和技能，从而畅行社会的重要举措。

书中有着美好的未来

宋真宗曾经创作了一首诗，目的是诲人读书，诗的内容如下："富家不用买良田，书中自有千钟粟。安居不用架高堂，书中自有黄金屋。出门莫恨无人随，书中车马多如簇。娶妻莫恨无良媒，书中自有颜如玉。男儿若遂平生志，五经勤向窗前读。"这首诗是告诉男儿一定要发愤读书，当然，这是基于封建社会的重男轻女思想，总觉得女子无才便是德，为此把读书做官都理所当然地认定为男儿的事情。实际上，时代发展到今日，女性与男性的地位是完全平等的，而且很多女性都走出家门，走上社会，走入职场，和男性平分天下，巾帼不让须眉，甚至有的女性必须一边工作，一边照顾家庭，为此也有人说女性能顶得起大半边天。因此，不仅男性需要读书，女性也需要读书，如此才能更加充实自己，获得成长。

"书中自有黄金屋，书中自有颜如玉"，这是宋真宗的诗中流传最为久远和广泛的两句话，目的是激励人刻苦读书，这样才能以知识作为力量，才能在人生中有更好的成长和发展。也许有些自命清高的人会说："我读书不是为了房子、美色。"的确，读书的目的要单纯纯粹，才会让我们拥有更强大的力量。但是每个人在这个社会上生存，总是需要一定的客观和基础条件，才能让自己出类拔萃，生存得更好。人是唯心的，可以为了理想和志向而活，也是唯物的，要以唯物作为基础，才能在成长过程中不断地崛起，才能更好地面对人生。总而言之，人生从来没有一蹴而就的成功，我们只有全力以赴、努力学习，才能够让知识充实我们的内心，才能以强大的自我创造美好的生活和未来。

如果说前些年人们只凭着好运气或者是大胆就可以抓住很多的机遇，做成一些大事情，那么在如今这个时代里，只凭着胆识和气魄，是无法获得成功的。社会中各行各业的发展都需要我们以知识作为武器，才能有强大的力量，若只有匹夫之勇，根本不可能在如今的时代里赢得所有人的尊重和认可。为此，我们一定要努力上进，要全力以赴，才能最大限度地圆满人生，才能真正创造美好幸福的未来生活。

常言道，咸鱼安静翻不了身，鲤鱼活跃才能跳龙门。在中国如今的高考制度下，高考依然是很多普通人家的孩子摆脱父母固有的生活模式、创新人生的唯一可行方式。为此，每年到了高考的时节，莘莘学子都要于千军万马中闯过独木桥。近年来，随着人生发展的方式越来越多，有的人选择出国，有的人选择进入民办学校就读大学，为此高考的竞争激烈程度有所降低，尽管不是独木桥，也依然不是每个人都能过的。而且，尽管各所大学如同雨后春笋般层出不穷，但是好的大学还是凤毛麟角。要想考取好大学、好专业，整个高中依然要瞪大眼睛，集中精神，把学习学好。与此同时，还要多多关心时事，阅读书籍，这样才

能在高考中写作文的时候有更好的发挥。细心的孩子们会发现，如今的高考作文题目越来越接近社会生活，而且命题形式更加灵活自由。其实，文章是能够反映出一个孩子的见识、观念、眼界和对于文字的理解与把控能力的。正因为如此，在古代科举考试中，才会把写文章作为衡量一个人才华的重要标准。为此高考生为了完成一篇优秀的作文，既要掌握学校里的知识，也要避免死读书，读死书，而且要更多地关注时事，了解各种新闻，这样才能跟得上时代的脚步，才能在完成作文的时候与时俱进，带有鲜明的时代色彩。

如今，再也不是那个两耳不闻窗外事、一心只读圣贤书的时代。每个学生作为独立的生命个体，作为社会的一个成员，必须把自己摆正位置，端正心态，从而在成长过程中不断地融入社会，与时代相接轨，最终快速地成长与充实自己，让自己成为社会的合格成员，肩负起创造人生价值、证明自身实力的使命和任务。

读书，才能充实自己的智慧

读哲学，使人变得富有哲思，对于人生的理解更加深刻透彻；读历史，使人变得更加通达，也通过纵横历史让内心变得更加开阔；读小说，可以看尽世间百态，知道原来生活除了自己所拥有的样子，还有很多精彩纷呈的样子呈现；读散文，让人的内心变得柔软敏感，更加能够捕捉和感悟到生活的美；读诗歌，让人富有才情，内心充满浪漫，为此可以坚强地在残酷的现实中生活下去……哪怕是读字典，都可以让我们学习更多的生词，认识更多的生字。由此可见，古人说开卷有益是很有道理的。

心理学家曾经针对新生命进行研究，发现大多数新生命在呱呱坠地的那一刻，条件相差无几。那么为何在后天成长的过程中，孩子们的变化越来越大，差距越来越明显，甚至到长大成人之后，拥有了截然不同的人生呢？就是因为他们后天的成长过程不同。其实，是否热爱学习、喜欢读书，是让孩子之间的差距越来越大的根本原因之一。在如今很多家庭里，父母总是捧着个手机当低头族，根本没有时间陪伴孩子，更别说耐心引导孩子读书了。这样一来，孩子对于书籍就会越来越疏远，而且根本不会爱上阅读。有些父母本身就很喜欢读书，常常会在书本的世界里徜徉，捧着一本书如饥似渴地读着。则渐渐地，孩子受到父母耳濡目染的影响，也会越来越喜欢读书，也能够从书籍中找到乐趣，获得成长。由此可见，家庭生活中是否有读书的氛围，对于孩子的影响很大，也会对孩子产生重要的影响。为此，父母不要总是奢求孩子读书，而是要以身作则，先给孩子树立热爱阅读的好榜样，这样孩子的改变就会水到渠成。

也许有的孩子会说：我不知道应该读什么书才能使自己变得聪明，充满智慧。其实，只要是读好书、有益的书，就是开卷有益的，就能增长你的知识，开拓你的视野，对于你的成长就是有很大好处的。为此，一定不要因为纠结读什么书而浪费宝贵的时间，当你的书架上摆满了书，随便拿起一本书，你都会从中获益。

很多孩子显得很聪明，心思灵活，内心睿智，其实他们不是生而如此，而是在成长的过程中读了很多的书，为此见识广，知识面开阔，而且在读书的过程中思维得到发展和锻炼，为此才能做到心思灵活，有主见，有独到的见识。这样的孩子在长大成人后，也很有主见，能够掌控好自己的人生。由此可见，是否爱读书，不仅关系到孩子能否把作文写好，关系到孩子是否聪明，而且关系到孩子能否拥有人生的智慧，经营好自己的人生，活出自己的充实与精彩。

孩子们，你们想变得更聪明吗？想让自己不管什么时候都能表现出更广阔的知识面、更灵活的思辨能力吗？想让自己与众不同、出类拔萃吗？赶快以书籍来充实自己的心灵，并从书籍中汲取智慧的甘露吧！当你在知识的海洋里畅游，成为最佳的游泳健将，你的人生和未来一定会更加美好，值得期待！

第9章
每个人都是独特的,所以掌握适合自己的方法很重要

每个人都是这个世界上独立的生命个体,为此对于人生会有与众不同的理解,对未来的人生也会充满自己的憧憬与幻想。对于学习和读书,我们也要坚持找到适合自己的方法,这样才能事半功倍,让学习收获成果。否则,如果方向错了,努力的方式也错了,即使我们再努力,也无法实现预期的效果,还有可能南辕北辙。

方法对了，学习就对了

对于学习和读书，很多孩子无法取得良好的效果，就以自己没有学习的天赋、不擅长学习作为托词，不愿意继续在学习上努力付出。甚至有些父母也会给孩子贴上"不是学习那块料"的标签，从而使得孩子面对学习根本不愿意努力进取，甚至产生了自暴自弃的态度。实际上，新生命在呱呱坠地的那一刻，先天的条件相差无几，他们之所以有的能够获得长足的进步和发展，有的却在成长过程中总是非常迷惘和无奈，完全是因为他们不能把握好自己，也无法对于学习表现出杰出的状态。要想从根本上解决这个问题，重要的在于我们要掌握学习的正确的方法，因为只有方法对了，学习效果才能立竿见影，也只有方法对了，学习才能事半功倍。

父母千万不要再说孩子不是学习的材料，因为，若父母总是这么说，孩子就会对父母的话信以为真，甚至把父母对于他们的评价作为自我评价，以致失去信心，在成长的道路上感到非常迷惘，也没有动力。同时，孩子也要对于自己有正确的认知，所谓正确的认知就是客观公正的认知，唯有在此基础上，孩子才能够从自身的实际情况出发，结合外部的情况，做到因人制宜，有的放矢地努力。否则，如果总是妄自菲薄或者妄自尊大，孩子们就会迷失在人生的道路上，也不知道应该对于学习采取怎样的方式,更无法端正学习的态度。

古人云,山重水复疑无路,柳暗花明又一村。这样的惊喜固然是人人都愿意得到的,但是要想获得这样的惊喜并非容易的事情,首先要求每个人都必须有坚韧不拔的毅力,这样才能在情况变得糟糕的时候,更加全力以赴,做好该做的事情,更加努力坚持,决不放弃。其实,学习是急不来的事情,每个人在学习的过程中都要放下功利心,怀着平常心,努力争取做到最好。这样才能调整好自己的心态去面对人生,才能全力以赴地经营好人生,让人生有更加快速的成长和发展。否则,如果因为一点小小的坎坷与挫折就忙不迭地选择放弃,则未来在面对人生的大风大浪的时候,如何能够做到全力以赴,勇往直前,绝不畏惧和退缩呢?

在心理学上,一万小时定律告诉我们,如果一个人能够长期坚持做好一件事情,那么随着不断的积累和进步,他的表现一定会越来越好。反之,如果一个人做事情总是三心二意,前一刻还在努力用心地去做,后一刻就因为畏缩和胆怯而停止行动,则前面付出的努力也很有可能打了水漂,根本不会有更好的成长和发展。俗话说,宝剑锋从磨砺出,梅花香自苦寒来。人生中从未有天上掉馅饼的好事情,每个人要想有所收获就必须坚持努力,绝不喊冤叫屈,绝不轻易放弃。成功没有捷径,在找到适合自己的方法去努力和坚持之后,我们所要做的就是绝不畏缩和退却,始终在人生的道路上一往无前,努力进取。

如何才能学好英语

　　对于很多小学高年级和初中、高中阶段的孩子而言，学习英语是很大的难关和挑战。他们总是弄不清楚英语的各种时态，也不知道英语应该如何学才能保证学好。实际上，学习英语一开始最重要的并不是学习时态，而是先搬砖，也就是背单词、短语和句子，唯有在具备建筑高楼大厦的材料后，我们才能开始建造高楼。与在国内最流行的普通话相比，英语无异于世界普通话。因为英国和美国的强大实力，每一个国家想要加入世界贸易组织，每一个人想要走出国门去世界上寻求发展，都一定要学好英语，这样才能掌握与世界沟通的语言，才能让自己的成长和发展更加顺利。

　　如今，孩子从小学阶段就要开始学习英语，实际上这是为了给孩子们营造学习英语的环境，让孩子们更早地接触英语，有利于他们学会新的语言，也为他们将来的发展奠定基础。然而，即便国家教育部为了帮助孩子们学习英语作出了如此煞费苦心的安排，依然有很多孩子无法学好英语，而真正能够把英语学好的孩子更是凤毛麟角。为何学习英语这么难呢？在将来的社会生活中，一个人如果不会英语，将会寸步难行。

　　从文字的角度来分析，中国的文字是表意文字，而英语则是表音文字。按道理来说，表音文字比表意文字更容易，因为只要看到就会读出来，而表意文字则并不能直接读出来，而必须先学会，才能知道这个字的读音。为此有人说，中国人学习英语，可比外国人学习汉字来得更容易。其实，要想让学习英语事半功倍，就一定要掌握正确的学习方法，这样才能让效率成倍增长。当然，每个人作为学习的主体并非完全相同，每个人都有自己的特色。要想学好英语，我们除了要更多地了解英语作为一种语言的特点之外，还要了解我们自身的优势与劣势，知道我们的优点在哪里，缺点在哪里。唯有如此，我们才能最大限度地调整好自己的学习方法，从而事半功倍。有很多孩子最喜欢套用别人的学习方法，如当不知道自己应该怎么做的时候，他们看到别人在读书，自己也就开始读书；看到别人在做习题，自己也就开始做习题；看到别人在玩耍放松，自己也就开始玩耍放松。殊不知，这样的人云亦云，这样的跟随他人去努力，最终会因为采取的方式并不符合自身的实际情况，而导致结果难以如愿以偿。

在战场上，每个战士都有自己擅长的武器，尤其是狙击手，更是把狙击枪看作自己的生命，从来都是爱不释手。学习英语，也可以借助于一定的辅助工具。例如，有的孩子对于听英语很敏感，为此他们需要一个MP3或者是手机。再如，有的孩子抄写英语单词效果很好，比朗读、默读的效果都更好，那么就可以经常找出没有用的废纸去抄写单词，边抄写边记忆，从而达到最好的效果。再如，有的人喜欢说，他们不喜欢学习哑巴英语，而更喜欢有交流的机会，这个时候，父母如果英语水平过关，可以与孩子多多说英语；而如果父母的英语水平不够，那么就可以为孩子请一个家教，每天通过交流的方式来锻炼孩子的英语口语能力，也帮助孩子巩固和复习各种知识点。相信这么做可以激发孩子学习英语的兴趣，也可以让孩子更加有的放矢，在英语的学习中不断地成长和进步，最终学有所成。

曾经有个孩子每次英语考试都出类拔萃，为此老师要求他和同学们分享经验。他并不吝啬分享自己学习英语的经验，大方地告诉同学们：

"我学习英语就是做笔记,把平日里看到的好词好句摘抄下来,再购买英语真题,把那些词语和固定的词组搭配也摘抄下来,这样就可以对着本子背诵和记忆,直到倒背如流。等到在阅读理解或者是写作环节看到这些词语和句子的时候,我马上就会知道它们的用法,也能一眼就看出它们到底哪里出错了。"对于这样的回答,很多同学都觉得不满意,甚至认为这根本算不上是什么技巧。但是这个孩子却说:"就是这么重复去做,坚持去做,仅此而已,非常简单。"

简单的事情重复做,也会取得让人震惊的良好效果。任何时候,都不要对于那些简单的事情不屑一顾,因为当你全力以赴始终坚持去做的时候,这些事情在不断积累的过程中就会取得更好的效果,也会让你看到自己点点滴滴的进步和小小的成功与成就。

好的习惯绝不是朝夕之间养成的,即使花费21天的时间,也是速成法。为此,在日常生活中,我们一定要多多激励自己,努力控制好自己,坚持做正确的事情,坚持良好的做法,这样才能渐渐地形成好习惯,才能获得更好的成就和发展。学好英语的方式多种多样,适合你的方式就是最好的方法,这是毋庸置疑的。从现在开始,就努力发掘最适合自己的方式去努力和成长吧,要相信你一定会有非常美好的未来。

怎样的学习方法才是适合你的

看完如何学习英语,相信有很多孩子都会思索,在各门学科的学习中,是否都要找到最适合的学习方法,才能收到事半功倍的效果呢?没错,正是如此。只有掌握正确的方法,我们在学习方面才能事半功倍,而如果方法始终不正确,那么不管如何去做,我们都无法达到理想和预期的效果,甚至会因为方法不恰当而导致事与愿违,甚至南辕北辙。

人在战场,要想一招制敌,就要有撒手锏,而好的学习方法对于我们而言就是学习的撒手锏。为此,不要在没有撒手锏的时候就急急忙忙地和学习展开博弈,而要非常用心地思考,非常努力地寻找,这样才能在找到撒手锏之后后发制人,扭转局面。

在学习上,每个人都需要反省和总结,只有不断地反思自己在此前学习过程中的努力,我们才能有的放矢地去查漏补缺,才能理性地综合评价使用某种学习方法所产生的学习效果,所获得的学习成就。例如,你使用哪种方法更容易理解老师所讲解的内容,你如何记忆才能保证记忆的效果最好,在遇到数学上的难题时,你是否擅长使用发散性思维的方式以不只一种方式解题。针对这些问题的回答,可以让你了解自己的学习情况,对于哪种学习方法更有效也能做到心中有数。

乐乐的理解能力和记忆能力其实都很强,但是到了高年级,他常常因为无法顺利地背诵课文而被老师批评。有一天放学,妈妈在校门口等了很久也没有等到乐乐,这才知道原来乐乐因为没有完成背诵任务而被老师留在学校里继续背诵。妈妈很郁闷:乐乐这么聪明,学习东西很快,记忆力也不错,为何偏偏记不住语文课文呢?

一个偶然的机会,妈妈接触到斯宾塞的遗忘曲线,知道了人在记住一些东西时的记忆都是非常短暂的,随着时间的飞逝,记忆会变得越来越浅,甚至完全忘记。而如果能够通过反复记忆的方式度过这段容易遗忘的时期,则对于所学的知识就会掌握得很牢固。针对这个理论,妈妈要求乐乐每天晚上入睡之前要复习背诵的课文，等到早晨醒来的第一时间，还要复习需要背诵的课文。当然，中午在学校里午休的时候，乐乐也会按照妈妈的安排复习课文。如此坚持下去，让人感到惊讶的事情发生了，乐乐对于原本记不住的课文记忆得非常牢固，不管是背诵还是默写，都能完成得很好。一天，乐乐早早放学回家，妈妈问乐乐："怎么样，我介绍的方法很好吧！"乐乐不好意思地点点头，说："的确很管用。"其实，在妈妈最初要求乐乐按照遗忘曲线的规律去有的放矢地多多诵读和记忆的时候，乐乐还是很排斥和抗拒的。如今他尝到了甜头，当然很愿意继续使用这个方法，让自己的学习有更大的进步。

怎样的学习方法才是最适合你的，这并没有人能给出一个正确的回答，因为每个人都是世界上独一无二的生命个体，每个人都需要在学习过程中不断地摸索，既根据学习的情况，也结合自身的情况，才能找到当下最好的学习方法。

每个人对于学习，都有不同的目标，也往往会采取不同的方式。例如有的人喜欢朗读，觉得大声读出来能够加深自己的记忆；有的人喜欢阅读，认为朗读太聒噪，而且无法达到最好的效果；有的人课堂上就喜欢专心致志地听讲；有的人则喜欢通过提问和回答问题的方式与老师互动；还有的人喜欢记下课堂笔记，以供自己闲来无事的时候翻阅，起到巩固记忆的作用。

古往今来，很多文人墨客都喜欢诗词文章，他们学习的方式也是阅读这些文章，从而陶冶自己的情操，增强自己的理解能力和鉴赏能力，进而对人生有更加深入的理解。由此可见，文字在精神文明中的传承作用是非常重要的，书籍之所以能够成为人类精神文明的食粮，文字功不可没。当然，文字可以作为交流的符号，也可以作为一种书面的记载方式，人固然有着好记性，但难免会忘记。在这种时刻，可以为自己准备一个笔记本，从而随时随地记录下那些重要的知识点，也帮助自己学习和巩固。

只要你非常用心地去努力探索，并真心诚意想找到让自己满意的学习方法，相信有朝一日，你一定会成为不折不扣的学霸，也会因此而让自己的人生进入崭新的阶段，获得长足的进步和发展。

与学习契合很重要

人与人之间讲究缘分，一下子就看对眼的人，即使不至于一见钟情，也会相看两欢喜。而那些彼此之间看不顺眼的人，则不管别人怎么拉拢和撮合，都不可能成为一对恋人，还有可能因此而始终隔阂，谁也看不惯谁，谁也不愿意包容和理解谁。可想而知，这样的人际关系非常紧张和尴尬，与和谐融洽没有丝毫关系。

其实，不仅人与人之间需要契合，人与学习之间也需要契合。人与学习的契合，主要分为人与学习内容、学习方式、学习时间的契合。举个最简单的例子来说，很多学霸都是早起学习和晨读，因为早晨的脑子最为清醒，所以他们学习的效果非常好。还有很多人早晨根本起不来，他们似乎天生就爱睡懒觉，一旦早起就会头昏脑涨，根本无法学习。与此同时，他们很喜欢晚睡，每天晚上10点，当其他人都困倦得睁不开眼睛时，他们却变得精神抖擞，甚至比清晨的头脑更加清醒和灵活。为此，他们往往在晚上学习效率更高。在保证作息时间基本一致的基础上，为何不允许自己在早晨或者晚上学习呢？你觉得自己在哪个时段效率更高，就在哪个时段学习最重要的知识，这完全无可厚非。

除了与时间段的契合之外，我们还要注意学习的方法方法与我们的脾气秉性是否相契合。每个孩子的脾气秉性各不相同，对于学习的理解能力、感悟能力也各不相同，为此即使给他们相同的学习内容和时间，他们对于学习的掌握情况也是不同的。为此，要根据自身的实际情况，选择最适合自己的学习方式，这样才能在学习上更快速地进步。遗憾的是，在学习的过程中，很多人都非常注重学习的内容和方式，而忽略了这些内容和方式与自身是否契合。方法对了，一切就都对了，方法不对，越是有利的因素越是会起到相反的作用，就像我们曾经学过的那篇课文——南辕北辙。

学习是一个漫长的过程，每个新生命从呱呱坠地就开始学习，为此孩子们在学习的过程中一定要调整好心态，把握学习的正确方法，这样才能保证学习事半功倍。如果总是不能掌握方式方法，也不能在自己状态最好的情况下学习，则学习就会事倍功半，渐渐地还会导致内心油然生出对于学习的厌倦心理，导致自己无法正确对待学习，也无法坚持积极地学习。

人们常说，天性使然。如果我们能通过调整与学习的契合度，让自己渐渐地爱上学习，使学习的行为发乎自然，则无须过分强迫自己，我们就可以高效率地坚持学习，这当然是最重要的。也有人说，兴趣是最好的老师，在面对感兴趣的事情时，我们才会更加专心投入，才会让学习收到最好的效果，赢得最丰厚的回报和收获。

相亲式学习的巧妙使用

相亲式学习？这是什么？为何会把学习与相亲扯上关系呢？相信在看到这个题目的时候，一定有很多孩子都会感到惊讶，也会有很多孩子表示从未听说过相亲式学习。没听说过是好事还是坏事呢？这意味着相亲式学习的概念对你来说是全新的，也意味着你很有可能在此前的学习过程中从未有过这种一见钟情、怦然心动的感觉。

既然是相亲，目的当然是找到合适的人生伴侣，当最佳的人选出现在你的面前时，你一定会感到内心激动不安，也会忍不住向对方要联系方式，以便在未来的日子里能够常常见面，培养感情。相亲式学习顾名思义，就是要与学习一见如故，再见钟情。举个最简单的例子，在看到一本书的时候，如果打开之后一眼都不想看，那么如何还能读下去呢？反之，如果在拿到一本书的时候看得津津有味，那么就可以手不释卷地看下去。这就像是相亲的时候看到一个心仪的对象，那种欣喜与一见如故的感觉，是可遇而不可求的。那么，如何与书本之间产生这种相亲的感觉呢？以通俗的语言说，就是要让自己茅塞顿开，让自己做好充足的知识准备和储备，并在心中不停地酝酿，直至成熟。例如很多人都曾经被树上掉落的苹果等东西砸中脑袋，但是只有牛顿一个人发现了万有引力定律，这不是因为命运青睐牛顿，而是因为牛顿此前一直在思考关于万有引力定律的事情，为此他才会在被苹果砸中脑袋之后，茅塞顿开想到万有引力定律。

当然，一见如故、一见钟情是可遇而不可求的，对于每一个生命个体而言，要想找到最合适的人并不容易，要想以最合适的方式学习最合适的内容，而且获得最佳的学习效果同样很不容易。当然，尤其是对于学生而言，学习任务原本就很繁重，要想在种类繁多的教辅资料中找到最合适的资料和工具用书，就要努力尝试。就像相亲时很难一下子就遇到对的人一样，在尝试着与书籍相处的过程中，我们可以有的放矢地寻找，也可以不断地尝试，从而找到感情最贴合的那一个。任何时候，都不要因为不合适就放弃与书籍相处，而是要让尝试的次数比失败更多一次。在真正相处的过程中，还需要不断地磨合，相互适应，彼此包容，这样才能测试出书籍是否真的适合我们，或者是否真的不适合我们。

遇到一个对的人，相亲相爱，相伴一生；遇到一本对的书，相依相伴，爱不释手。这两种感觉同样美妙，都会让我们有一种恍若隔世、突然偶遇的感觉。当然，世界上有很多的人和事物，不可能每个人与每种事物之间都能够相互契合，彼此合适。即使遇到的对象是我们所不喜欢和不欣赏的，也没关系，要珍惜好聚好散的缘分，和平分手之后再去找真正适合自己的人和物。试一试总是没错的，万一合适了呢？抱着这样的心态寻找合适自己的书籍，相信终有一天我们会有相见恨晚、相谈甚欢的感觉。

基础练习题有没有必要写

很多孩子都不喜欢做基础习题，觉得难度小、分值低，因而无形中就忽略了对于基础习题的练习。殊不知，基础习题很有必要去做，而且要坚持练习，做到熟能生巧，这样才能让我们打好基础，有效提升自己。例如五年级的孩子很少有人愿意做计算题的基础练习，因为他们已经开始学习应用题、解方程，为此对于基础习题的完成就会觉得没有必要。然而，偏偏有很多孩子之所以在考试之中失利，就是因为他们对于基础习题不够重视，也因为他们没有打好基本功，练好基本习题。当然，他们并没有意识到问题的所在，而是觉得自己是因为马虎才在小小的细节方面出现失误。从本质上而言，并没有真正的马虎，一切的马虎都是因为我们对于技能的掌握不够熟练，所以才会在使用到技能的时候表现得不够水到渠成，出现失误和纰漏。

万丈高楼平地起，这样的豪情壮志人人都想有，但是在建造起万丈高楼之前，一定要有牢固的基础，打好地基，否则就无法承托高楼。在学习的道路上，我们总是会遭遇各种各样的难关和困境，如果因为小小的挫折就一蹶不振，甚至无法激励自己继续努力，再接再厉，则难免会让自己陷入被动，也会使得学习半途而废。不管做什么事情，人们都不可能取得一蹴而就的成功，唯有不断地努力向上，坚持点点滴滴的进步，才能积跬步以至千里，积小流以成江海。

学生正处于学习的好时机，必须坚持一分耕耘，一分收获，而不要梦想着不劳而获。若总是对于学习怀有不切实际的幻想，总是不愿意为学习打好基础，就像蹒跚学步的孩子还没有学会走路呢，就想快步飞跑，这怎么可能呢？所以孩子一定要一步一步、扎扎实实地走好。

当然，学生也要有自信。在完成基础练习题的基础上，还要做更加深奥的题目，这样才能把题目做好，才能脚踏实地、扎扎实实地前进和成长。也有些孩子理智上知道应该坚持做基础练习题，但是每当看到那些超级简单的题目时，他们都会觉得厌烦，也会很不耐烦。直到考试过程中看似因为粗心犯了错误，他们都无法意识到是因为基础题练习不够熟练导致出现的问题。面对学习，一定不要舍近求远，如果前面的台阶不能走好，后面就没有办法登上很高的台阶。

古人云，欲速则不达。这句话告诉我们，很多时候如果过于心急，急功近利，反而会导致事情的发展受到影响。为此，我们一定要坚持做好很多细微的小事情，如此才会有大的成就和发展，这也正应了古人所说的"一屋不扫，何以扫天下"。

一个人做一件惊天动地的好事情固然很难，但是更难的是一辈子都坚持做好事情。对于学生而言，一次考试考好没什么了不起的，因为成绩既会朝低分浮动，也会朝高分浮动，只有每次考试都稳扎稳打，成绩稳定，减少朝低分的浮动，增加朝高分的浮动，才是真正厉害的选手和角色，才是真正的好学生。

此外，在为自己挑选习题册的时候，还应该有主见，不要盲目模仿和顺从他人。很多人总是会盲目模仿他人，看到学霸做什么题目，自己就要做什么题目。殊不知，这样的模仿对于完成学习任务、提升学习效率没有任何效果。更重要的在于，我们要只选对的，不选难的。同样一本习题集对于不同的孩子来说，难度是不相同的，为此我们要从自身的情况出发，有的放矢地选择适合自己的习题集，从而让练习达到最好的效果。

总之，基础习题集有没有必要写，这个问题我们不应该问别人，而是应该根据自身的情况作出理性的选择。对于有些孩子而言，他们已经把基础习题做得滚瓜烂熟，而且接近于条件反射，那么就没有必要继续在基础习题上花费时间和精力。而有的孩子虽然难题做得很好，但是基础不够扎实，为此常常会在简单容易的题目上出错，那么就要勤于练习基础习题，这样才能不断地强化基础知识，让自己对于学习的把控和掌握更上一层楼。

学习是出于喜欢还是出于需要

很多孩子都没有用端正的态度面对学习，他们觉得自己之所以学习，都是为了爸爸妈妈，是被爸爸妈妈逼迫的。还有的孩子索性把学习作为一项沉重的负担，对于学习总是怀着很排斥和反感的态度，可想而知他们在这样的状态下很难把学习学好，还有可能导致学习成绩一落千丈。其实，学习真正的内部驱动力，应该是对于学习的喜爱，而不应该是被外部力量逼迫。也有的孩子虽然没有被逼迫着学习，对于学习却没有发自内心的喜爱，而是觉得自己需要学习，人生也需要知识和技能，为此就这样理性地学习。不得不说，这样的学习状态少了一些积极和热情，很难促使人进步、令人始终主动学习。

在真正开足马力开始学习之前，我们必须问清楚自己："我是需要学习，还是喜欢学习呢？"若你对于这个问题的回答很明确，你就会在学习中呈现出与众不同的状态。一个人如果因为兴趣和爱好而投入学习之中，对于学习就会始终都有饱满的热情，那么即便非常辛苦和疲惫，他也绝不放弃。反之，如果一个人只是理性上认为学习很重要，也觉得自己只有非常努力才能在学习上取得一定的收获和成果，那么他固然会对学习尽职尽责，却不会对学习满怀热情和渴望。

现代社会，全民都陷入教育焦虑状态，很多父母对于孩子的学习不能保持淡定和从容的态度，这也使得孩子们把学习看得前所未有的重要，很多孩子甚至会为了提升学习成绩而走上歪门邪道。不得不说，如果不能从根源上解决关于学习的问题，让自己端正态度面对学习，那么我们就无法真正地投入学习之中，更不可能做到全心全意、全身心投入其中。

兴趣是最好的老师，对于自己真正喜欢去做的事情，孩子们会有更大的爆发力，也会有更加热烈的感情和更坚定的毅力。由此可见，让自己爱上学习，是至关重要的。也许有的孩子会问："我天生就不喜欢学习，怎么办？"其实，学习那么辛苦，天生爱学习的人只占少数，更多人是在后天努力培养自己对于学习的热情，也让自己对于学习始终怀有动力，为此他们才能学有所成，才能在学习方面有出类拔萃的表现。从这个角度而言，孩子应该主动爱上学习，主动发掘学习的乐趣，从而全身心投入学习之中，全力以赴搞好学习成绩，获得长足的进步和发展。

要想让学习可持续发展，我们还要明确一点，那就是学习本身不是目的，把学到的知识牢固掌握，从而灵活运用，为我们的生活、工作提供便利，发挥作用，这才是学习的终极目标。当然，虽然和喜欢学习相比，明确意识到自己需要学习并非最好的学习态度和状态，但是也比自认为不需要学习或者排斥抵触学习要好得多。最可怕的是，既不喜欢学习，也自认为不需要学习，导致自己在学习方面陷入被动的状态，乃至疏忽懈怠，学习的成效自然很糟糕。所以不管是兴趣还是需求，首先要激发其中之一，以保持学习的姿态，也可以在学习的过程中循序渐进地发掘对于学习的兴趣，从而让学习效率倍增。

对学习，不要抱着"总有一天用得上"的想法

学习当然不是一件使人愉快的事情，尤其是在学到那些艰难晦涩或者不感兴趣的知识时，我们常常会觉得自己缺乏动力，也因此就用"多学总比少学好""总有一天用得上"之类的想法来安慰自己，给自己很弱的动力，也言不由衷、非常心虚地劝说自己一定要坚持。实际上，这样的说法往往连我们自己都不相信，而且当我们在这么说的时候，实际上已经在暗示自己这些知识其实并非非学不可的。为此，我们心中对于这些知识的学习就会懈怠，嘴上用言不由衷的话安慰和激励自己，心里早就已经动摇，想要放弃。为此，细心的人会发现，那些以"总有一天用得上"来安慰自己的人，很难在学习上有所成就，而往往都是半途而废。

小时候，你喜欢看哆啦A梦的动画片吗？你一定很羡慕动画片里的大雄，只要把愿望说出口，哆啦A梦就能帮助他实现梦想。然而，我们从未有哆啦A梦帮忙，为此我们不管有什么心愿都要靠自己努力去实现，而当自己稍一懈怠的时候，就会距离梦想越来越远。

学习可不是随心所欲的事情。如果你学习的目的是有备无患，只是充实自己，那么你可以随心所欲地学习一些有用的东西，因为知道总比不知道强。但是如果你学习的目的是很明确的，是要掌握一门学科，或者是能够熟练运用一门语言，那么你必须目标明确，向着既定的目标

努力前进，而不要如同没头苍蝇一样四处乱撞，总是理不清头绪，也导致学习的状态非常糟糕。要想学习有成效，就要确立明确的目标，只有确立目标才能明确方向，只有不断努力前行，才能在成长过程中无所畏惧，勇往直前。例如要想学习语言，就要把目标确定得很具体：首先，要能读写。其次，要会说。最后，要能够听懂专业内容，有助于工作上与外籍合作伙伴进行交流。在这样的目标指引下，你就不会一味地背诵单词，而是会更多地听英语录音，或者和身边其他人进行语言的交流。在这种情况下，你会渐渐地进步，对于英语的听说读写能力都将大幅增强。此外，如果你的目的是考托福，那么你的侧重点又要有所不同。

　　三国时期，项羽之所以能够在巨鹿之战中战胜强大的秦军，就是因为项羽能够破釜沉舟，斩断自己所有的退路。在学习的过程中，如果我们有着必须实现的目标，也可以适当地逼迫自己失去退路，这样我们才能全心全意努力向前，才能勇敢无畏、一往无前。任何时候，都不要迷失自己，只有在目标的指引下，我们的人生道路才会更加明确，才会始终延伸向前。

第10章

使用思维导图,构建完整的知识体系

托尼·博赞被称为大脑先生,因为他首创了"思维导图"。什么叫思维导图呢?通俗易懂地说,就是将所学习的知识内化,然后再提炼为可以引导思维的脑图。这样一来,原本零碎复杂的知识在头脑中就有了体系,从而令理解和掌握都变得事半功倍。如果在学习中使用思维导图,就可以提升学习的效率,从而让思维得以更好地发展,学习也可以事半功倍。

学会思维导图，知识自成体系

思维导图就是在大脑里的一张图，这张图主干清晰、支干明确，为此可以有效地梳理知识的脉络，让知识的学习更加高效。虽然乍看起来思维导图很简单，但是它对于辅助学习是非常有效的，属于思维的工具，起源于发散性思维的基础，而又有所收敛和整理，让知识以有序的方式表达出来。

曾经有心理学家经过研究发现，人们对于图形的感知和记忆能力更强。思维导图正是采取图文并茂的方式，对于知识结构进行了深度梳理。详细地说，善于运用思维导图的人在学习的过程中会分为以下几个步骤进行：首先，在复习阶段先看大纲，知道知识的重点在哪里；其次，在学习的过程中深入理解，把握细节，钻研透彻；最后，在对于知识有了一定的认知与了解，甚至进行初步记忆之后，再根据自己对知识消化和吸收的情况，把知识内化之后再以自己的大纲形式表现出来。当然，这个时候做出来的大纲是比预习的时候看到的大纲更为细致的，而且因为每个人对于知识的理解和感悟能力不同，所以思维导图带有每个人的烙印。这个阶段的大纲不是真的大纲，而是思维导图的雏形。随着对于知识的深入学习和钻研，思维导图的层次会更加分明，细节会更加完善，而且除了文字之外，还会有图形、色彩等因素作为辅助，旨在帮助加强记忆，加深理解。

思维导图综合了人们在学习方面表现出来的各种能力，不但有助于记忆、思考，而且要用到逻辑、想象、艺术等。在制作思维导图的过程中，左右脑都被调动起来，为此激发了思维的强大功能。如果用一句话来形容，可以说思维导图是把思维变成图形的过程。

思维导图形成的基础是放射性思维，这是符合人的思维特点和方式的。大脑对于收集的每一种信息和材料，都会马上进行综合整理和加工。这些信息和材料涵盖的内容非常广泛，如气味、食物、颜色、线条、图形、符号等。有的时候，我们在闻到熟悉的味道时，就会马上想起童年时期妈妈做的饭菜。这就是思维导图的强大魅力。只不过，这不是我们有意识进行的思维导图，而是记忆凭着味道按图索骥，找寻到了我们童年时光中的一个触发点而已。想想吧，我们的大脑就像一个非常复杂和精密的地图一样，我们所学习到的、经历过的一切，都放在大脑地图中特定的某一个地方。如果我们能够有意识地运用大脑这张地图，那么它就会产生可怕的威力和无穷的魅力。

在漫无目的的情况下，大脑的地图是自然形成的。而在有意识的情况下，大脑中的地图就会变得更有组织和规律。整个地图就像是一个星罗棋布的大城市，会有自己的城市中心和副城市中心，也会以这些中心为连接点，不断地向外辐射出更新的东西。每个中心点都呈现出发射的状态，而每个中心点也都在为自己的中心服务。与此同时，在不同的中心点之间也有联结，从而把整个城市紧密联系在一起。我们的大脑里可以容纳无数个这样的城市，为此在学习告一段落或者学习完一门课程之后，我们就要建立这样的一座城市，使其永久地居留在脑海中。

很多思维导图看起来都像是一棵树，这是因为树有主干、有支干，与思维导图的构成是最为接近的。其实，思维导图不仅有树形这一种方式，还有很多的方式，如地图的方式、脑力激荡的方式等，都是很不错的方法。我们在制作思维导图的时候，可以根据自己的喜好和知识的特点选择最合适的方式。所谓最合适的就是最好的，也只有最合适的才能达到最佳的效果。每个人制作出来的思维导图，一定要是能够准确描绘和涵盖自身思维的，也要是能够便于自己理解和深化记忆的。

如今，思维导图已经在全世界风靡，得到了很多管理者的青睐。甚至有很多世界五百强企业也在运用思维导图进行管理，在新加坡，甚至把思维导图作为必修课列入小学课程。迄今为止，思维导图进入中国也有二三十年的时间了，一开始，它只被用作帮助差生理解和记忆学习内容，如今，越来越多的人发现了思维导图的魅力和强大作用，为此，思维导图的应用越来越广泛。在学习的过程中，我们也可以灵活运用思维导图，选择最适合自己的方式绘制和使用思维导图。任何的学习辅助工具，对于每个学生的学习效果都会起到不同的影响作用，最重要的在于我们如何使用思维导图，如何深化理解和记忆知识。当然，我们甚至可以对思维导图进行创新，从而研发出一种独属于我们的思维导图。不管是哪种学习方式与方法，只要能对我们的学习起到积极的推动作用，就是优质高效的学习方法，就值得采用。

思维导图的构成要素

要想更加深入地学习和了解思维导图,除了要知道思维导图是什么之外,我们还要知道思维导图的构成元素。由表及里,由整体到局部,我们才能随着对思维导图的学习越来越推进,更加了解思维导图的内在构成。当然,不同的思维导图有不同的构成要素,这里我们只对思维导图的基本构成要素进行阐述和分析。

通常情况下,思维导图由以下六个要素构成:城市中心、副城市中心、连接干道、干道名称、颜色和图片。在前文,我们就简要说过大脑的地图就像真的地图一样,每个城市都有城市中心,也有副城市中心,而连接这些大大小小中心的,则是各种道路。为此,要想构成思维导图,就必须有这些要素,而为了区分更加明显,可以借助于颜色。当然,对于那些难以理解的地方,还可以以图形的方式使其变得生动形象,使人一眼看去就印象深刻。

城市中心:每个城市都有中心,如北京的中心是天安门,南京的中心是新街口等。只有确立中心,城市才能从中心向着周围发展。为此,确立城市中心是很容易理解的。通常,城市中心是最重要的地方,人流密集,车水马龙。在绘制思维导图的时候,城市中心就是一本书或者所要加工的所有知识的中心所在。只有确立了这个根本性的东西,接下来才能继续进行扩展。就像作家在写作之前会先为书定下基调,画家在真正着手创作之前会先为画作定下基本的色调一样,在开始做思维导图之初,我们也要为导图定位,这样才能让导图的绘制工作顺利推进。

副城市中心:当城市发展得太大、扩张速度太快时,就需要朝外发展，为此，会确立一个或者几个副城市中心。副城市中心的地位没有城市中心那么高，但是为分流城市人口、促进城市发展作出了积极的贡献，为此副城市中心是城市发展中不可或缺的，也是非常重要的。在绘制思导图的时候，也要很重视副城市中心。在副城市中心，也有自己的中心，也会以中心为发散点向外扩散。为此，副城市中心的合理布局至关重要，既要与城市中心保持一定的距离，也不能距离城市中心太远，否则就无法对城市中心起到支援的作用。

连接干道：干道分为主要干道和次要干道。主要干道往往道路开阔，用于连接城市中心与副城市中心。次要干道主要用来连接副城市中心之间，以及副城市中心与其他城市点之间。

干道名称：顾名思义，干道名称用于标注干道，表明干道的用途。在给干道标注用途之后，很容易就能看到干道的名称，也知道干道的用途。当然，这里所说的干道名称和用途，只是用来形容的，真正标注的是知识点，可以对思维导图起到标注作用。从思维导图专业术语的角度来说，这是思维导图的关键词，可以帮助我们熟悉和记忆每一个知识点，也可以把各个中心内容联系起来。

颜色：为了对于各层级的道路有更加直观的印象，我们可以把连接干道按照层次不同进行颜色分类，这样一来就可以一目了然，知道每一条干道的主要作用是什么。

图片：既然是思维导图，就要呈现出图的特质来。具体按照什么图形来制作思维导图，是根据我们对于内容的理解进行的。此外，不同风格的图片也可以表现出我们对导图的理解。当然，图片还会带有感情的色彩，帮助我们更加感性地记忆，在记忆过程中加入感性的因素。

需要注意的是，制作思维导图的目的就是精练凝聚，为此要遵循二八原则，即用少量的关键词概括大部分内容。在思维导图中，不应该出现大段的文字或者长长的句子，否则思维导图就会很啰唆和烦冗，无法起到精练和凝聚的作用。有些人喜欢直接复制粘贴文字，用计算机制作思维导图，殊不知这样的过程尽管进展顺利，也不需要花费太多的时间和精力，却违背了制作思维导图的初衷。我们制作思维导图是为了帮助理解和记忆知识，而不是只为了制作思维导图。所以不要本末倒置，制作过程一定要非常用心思考，才能凝练最精简的知识。

凡事都要熟能生巧，我们一定要多多练习制作思维导图，从而最大限度地提升自身的能力。此外，年纪小一些的孩子，可以先从简单的思维导图开始做起，哪怕是简单的思维导图，也可以对知识的梳理起到辅助作用，让思维更加敏捷高效。

如何从零开始制作思维导图

思维导图可以简单也可以烦琐，可以做得很精简，也可以做得很细致，为此适合各个年龄段的孩子用作学习的辅助工具。思维导图的巨大效用，令其在思维的领域中掀起了一股革命的风潮，甚至改变了人们思维的方式与模式。尤其是在现代社会，人们更加崇尚科学，也注重思考，为此思维导图的出现也可以说是顺应了时代发展的潮流。进入中国之后，思维导图非常火爆，甚至有一些培训机构以此作为课程，教导孩子们如何绘制思维导图。实际上，思维导图简单易学，因为绘制思维导图并不是最终的目的，最终极的目标是通过绘制思维导图来提升对于知识的理解和领悟能力。如果孩子本身的思维方式不能改变，培训就是治标不治本，也不会收到良好的效果。由此可见，要想让孩子们学会绘制思维导图，最重要的是引导他们以正确的方式进行思考。

当然，如果把思考与绘制导图分割开来看，那么画图则是更容易学习的。因为画图是一项技能，比起用脑力进行思考，画图是很容易的。但是思维导图并非画图这么简单，因为思维导图产生的基础其实是看不见的思维能力。为此，有的人即使没有系统学过思维导图的绘制方法，也能把思维导图画得很好。而有的人虽然学过思维导图的绘制方法，却依然无法画出正确的思维导图。这是因为前者掌握了正确的思维方法，有逻辑思维能力，而后者却没有掌握正确的思维方法，为此在绘制思维导图的过程中思维混乱，自然也就不能完成导图。

虽然心理学家经过研究证实大多数人的先天条件相差无几，而实际上，人的逻辑思维能力是存在差异的。这种差异一方面来自先天，另一方面来自后天的学习和养成。思维能力的不同，也使得不同的人在运用思维导图的时候有不同的效果。逻辑思维不够强的孩子无须感到沮丧，因为每个人并非生来就有清晰的思路。在不断锻炼的过程中，思维能力才会越来越强。所以只要勤于练习，增强逻辑思维能力，很多事情就会进展更快。

一个零基础的孩子，要想接触思维导图，可以从最简单的思维导图开始做起。概括起来说，思维导图主要有以下三个特点，那就是图形、颜色和分类。在这三个特点支撑起来的宽大架子下，再寻找关键词，就可以形成思维导图的雏形。需要注意的是，思维导图主要在于形象、精练，为此在寻找关键词的时候也要尽量提炼，而不要过于烦琐拖沓。

那么，人人都需要思维导图吗？这是个问题。答案就是，并非人人都需要思维导图。如果你在每次学习新的知识和内容或者看一本书的时候并马上就能对相应的内容进行消化吸收，而且能够马上提炼出来重点，并可以做到逻辑清晰，那么你有一个好脑子，无需思维导图的帮助也可以提升学习效率，在这种情况下，你无需思维导图的辅助，就可以把学习学好，并可以有出类拔萃的成绩。但是如果你看完一本书或者学习某些内容之后总是非常混乱，无法为自己的思绪整理出次序，那么，在这种情况下，你一定是需要思维导图的，因为思维导图可以帮助你厘清思绪，也可以让你更加深入地梳理知识，把握重点。

在画思维导图的时候，很多孩子会有选择障碍表现，因为他们迟迟无法确定用哪种颜色来表示干道。实际上，颜色并不是最重要的因素，而只是起到区分的作用，你只要选择喜欢的颜色让自己赏心悦目就好。不要把思维导图想成特别高大上或者很神奇的撒手锏，实际上，思维导图所起到的作用就是帮助我们梳理思维，从而让我们对于所学的知识有整体的把握。把思维导图看成和《新华词典》一样的工具书，你紧张的心就会慢慢地放松下来，你也就会找到更好的方式与思维导图相处，在深入探索思维导图的过程中，你将会有更多的收获。

绘制思维导图要掌握的原则

在学习绘制思维导图之前，我们想要对思维导图是何物进行深入的理解，还要知道思维导图的构成要素，以及绘制思维导图的基本原则。如此，才能够按部就班地根据自身的思维特点和所学习的知识与内容绘制思维导图。首先需要明确的是，绘制思维导图的目的是什么。很多人舍本求末，觉得绘制思维导图的目的就是绘制出一张完美的图。其实不然。绘制思维导图最根本的目的是把思维的过程进行整理，从而让思维更加清晰，也有利于促进我们对于所学知识和内容的深入理解。这是绘制思维导图的大前提，也是每个人都需要理解和掌握的。

具体而言，绘制思维导图有以下几个原则。

第一个原则，既然是图，就一定离不开图象。思维导图实际上是把思维形象化的过程，目的在于使思维更加形象生动。添加合适的图像可以收到恰到好处的效果，使得整张思维导图的色彩饱满而又艳丽，形象生动，重点突出，旁支细密，由此一来能够直观地表现出各种知识的交错。

第二个原则，色彩要鲜明饱满。思维导图有不同的中心，对于主要中心和副城市中心，应该选择不同的颜色进行区分。此外，关于各个中心的连线，也应该选择适宜的色彩。此外还需要注意的是，色彩的不同是为了形象直观地进行区分，但是颜色也不应该太多。因为太多的颜色会让人感到眼花缭乱，反而使得整个思维导图的既视感很差，色彩层次不够明确。

第三个原则，线条的粗细一定要有变化。除了用颜色来进行直观的区分之外，线条的粗细也用来区分内容的不同。越是靠近主要中心的线条越是要粗，越是远离主要中心的线条越是要细。对于处于同一级别的线条，应该粗细一致，这样看上去才会一目了然、层次分明。

第四个原则，和两点之间最短的直线相比，使用曲线更能够激发人们的思维和想象。一则是因为曲线自然柔和，符合美学标准。二则是因为曲线看起来有无限的延展性，有助于激发人们的思维更深入发展。三则是因为用曲线绘制的思维导图，整体看起来更美观，更让人赏心悦目。

第五个原则，关键词的选择一定要非常慎重，非常精简，这样才能最大限度地让整个思维导图看起来更加简明扼要，才能让关键词一语中的，帮助人们联想起相关的知识和内容。每一个线段上都要有一个关键词，而且最好只出现一个关键词。关键词要写得很明确，不要摘抄，也不要自己冗长阐述，而应该提炼内容，起到画龙点睛的作用。

第六个原则，对每个中心点进行深入了解，透彻钻研。每个中心点都有重点，有自己的知识点。为此，在对中心点进行谋篇布局之前，一定要先透彻了解各个中心点的内容，也可以以草稿的形式先为每个中心点绘制简单的思维导图。这样一来，等到对于所有的中心点成竹在胸，再去对所有中心点谋篇布局、合理安排，就可以有效降低在绘制整张思维导图的时候出错的概率。

第七个原则，每个中心点之间要合理有序，有一定的距离。如果把各个中心点密集地放在一起，那么就会失去重点突出的作用。因而在各个中心点之间要保持间距，这样有利于整个思维导图层次分明、条理清晰，也可以让重要的中心点非常突出，引人注意。这一点与作画有着异曲同工之妙，涉及布局。

如今，除了手绘思维导图的传统方式之外，还有很多计算机绘图软件可以使用。不管采取怎样的方式，绘制思维导图的目的都是帮助思考，使人透彻掌握所学习的知识和内容。为此，切勿本末倒置，而要让思维导图为加深思维能力起到积极有效的作用。

以思维导图的方式记好笔记

还记得小时候在课堂上手忙脚乱的样子吗？因为老师讲课的速度比我们思维运转和写字的速度更快，所以我们在听讲的时候，一边要竖起耳朵不放过老师所说的每一个字，一边又要盯着黑板，随时抄写下老师的板书。为此很多孩子都练就了"盲写"的习惯，也就是写字的时候不用看着书本，而是一边盯着黑板，一边摸索着写。这样的忙碌和仓促，往往导致我们既没有完全听懂老师所讲的话，也没有完全记载下老师讲述的重要知识点，还遗漏了很多重点，无法弥补。为此，课堂上的学习效果并不是很好，除了把字写得龙飞凤舞、非常潦草之外，基本没有其他的收获。

直到有一天，我们无意间看到学霸的课堂笔记，或者通过其他的渠道了解了思维导图，这才意识到原来可以这么做笔记。在这种情况下，我们更要学会绘制思维导图，从而把笔记记得一目了然、层次分明、条分缕析。当然，在课堂上以绘制思维导图的方式做笔记，并不要求把思维导图绘制得十全十美，而是可以采取绘制简易思维导图的方式，快速记笔记。

要想在读书之后绘制思维导图，就要在读书之前就做好准备。要带着问题去读书，才能在阅读中更加用心，有针对性，从而达到高效。很多孩子读书的时候只带着眼睛，误以为读书只要用眼睛就好，实际上读书不但要带着眼睛，还要带着心灵，带着笔和纸。在读书的过程中，每当遇到重要的内容可以标注下来，觉得找到中心之后，还可以把中心记载下来，为制作思维导图打个草稿，做好准备工作。这就像是写作文之前要打草稿一样，有了简单的思维导图，接下来正式绘制思维导图的时候就会更加顺利，也不容易出错。

需要注意的是，在读书的过程中做标注或者笔记的时候，首先要精练凝聚，学会取舍。很多孩子都贪多求全，恨不得把书本上的内容都画下来，都录入思维导图之中，这样就违背了制作思维导图的初衷，会导致思维导图繁杂拖沓，也会使得思维导图失去应有的效果和作用。其次，很多孩子在提取关键词的时候，总是局限于原书，从书籍中寻找重要词语来作为关键词。一千个人眼中就有一千个哈姆雷特，读书原本就是仁者见仁、智者见智的事情，面对同样一篇文章，每个人都会有不同的感受和收获。为此，如果原书中的词语正好可以用，那么就用原书中的词语，而如果原书中的词语并不合适用作关键词，我们完全可以凭着自己对所学内容的深入了解和把握，给予书籍更好的凝练和总结。最后，制作思维导图的过程中，除了需要大的图形为整个思维导图定下基调之外，对于小的中心点，也可以加入图像进行形象表示。尤其是对内容丰富的整本书，很难按照一本书的模式去绘制超大型号的思维导图，不如先针对章绘制思维导图，然后再把每个章的思维导图整合起来，这样一来，就可以成为全书的思维导图。

要想绘制思维导图，在读书的过程中就要特别注意各层次标题，因为标题正是创作者用来作为整本书的大纲的核心内容呈现。当然，各级层次未免显得枯燥，我们接下来要做的就是在绘制思维导图的过程中把更多的中心点和小的知识点以生动形象的方式表现出来。对孩子们而言，图形不同的思维导图可以激发他们的学习兴趣，也可以让学习的方式变得更为灵活生动。这样一来，既可以帮助孩子们学习知识，也可以激发孩子们的学习欲望，让学习变得更有趣，从而让孩子们对于学习充满动力。

第11章

几种简单实用的速效学习法，效果立竿见影

学习虽然没有捷径，但是一定有方法。只有掌握了简单实用的学习方法，学习才能事半功倍，学习的效果也才能立竿见影。否则，虽然花费了很多的时间和精力，却未必能够在学习上获得更多的收获，这当然使人感到身心俱疲，对于学习的热情也会大大降低。所以说，掌握速效学习方法不但能够提升学习效率，而且可以保持学习热情，是一举两得的。

弥补短板，发展兴趣

有一只木桶，每块板都很长，但是唯独有一块板很短。为此每次装水的时候，水一旦超过那块短板，就会溢出来。为此，那些长板都怨声载道："我们原本可以容纳更多的水，就因为你太短了，才害得我们都派不上用场。"为此，短板向主人申请："主人啊，请你把我变得长一些，这样我就不会连累其他的兄弟啦！"主人满足了短板的心愿，把短板弥补得和其他长板一样长，就这样，木桶容纳水的量大大增加。人也和木桶一样，有短处有长处，有优势有劣势。在心理学上，有个木桶理论，为此很多人就把木桶理论套用到自己身上，认为自己也必须拼尽全力弥补短处，未来才会有更大的成长和发展。其实，人与木桶是不同的。尺有所短，寸有所长。金无足赤，人无完人。的确，我们要正视自己的缺点和不足，但是，当短板并没有限制我们的发展时，我们其实无须把过多的时间和精力都用于弥补短板，而是要更加认清楚自己的优势和长处，从而发展核心竞争力，让自己在竞争中脱颖而出，得以立足。那么，在什么情况下，我们需要贯彻木桶理论，弥补短板，让自身的成长更加发扬光大呢？那就是和木桶一样，当短板限制了木桶的容水量，让木桶其他板材的长处无法发挥出来的时候，就要去弥补短板。当我们被短板限制和局限住，无法发挥自身优势、无法形成核心竞争力的时候，我们就要弥补短板，从而让我们有更加长足的发展和进步。

在读书的时候，先从自己喜欢的书开始读起，培养对于阅读的兴趣。在阅读的过程中，如果你意识到因为英语能力和水平的限制，使得你无法看得懂英语原著书籍，那么你就会迸发出强大的动力，坚持要学习英语。在英语阅读方面，你的英语能力就是短板，这个短板对于你阅读英语书籍、从事英语写作等形成了很大的桎梏，为此你要打破这个局限，提升自己的英语能力，让自己在英语学习方面变得更加强大。

此外，对于那些自己很擅长的事情，也不妨努力去做，这样一来在获得小小的成就之后，就会找到信心。由长板来带动短板的弥补和发展，这当然也是很好的方式，且可以一举两得，让我们在信心满满之余把很多事情做得更好。当然，不管采取怎样的方式，都要避免被短板局限住，这样才能加快成长和进步的脚步，从而获得更丰厚的收获，这才是最重要的。

在短板和长板之间取得平衡之后，我们还可以发展兴趣。人们常说，兴趣是最好的老师，的确，当孩子分别面对自己感兴趣的事情和不感兴趣的事情时，他们的表现一定是截然不同的，对于学习的热情和表现也会相差迥异。毫无疑问，在兴趣的指引下，孩子学习的热情空前高涨，也能够把学习方面的很多事情做得都很认真细致，哪怕是遇到难题，也绝不懈怠，而是鼓起勇气争取做到更好。这样一来，孩子学习的兴趣当然会加倍，学习的效果也会更好。

如何培养学习的兴趣和信心

对于孩子而言，要想在学习上有更好的发展，就一定要有信心。现实生活中，很多孩子从小就被父母无微不至地照顾和呵护，为此他们总是缺乏自信，一旦独立面对小小的困难，他们就会怀疑自己的能力，也会觉得自己什么事情都做不好、做不到。不得不说，这样的胆小畏缩，会让孩子在学习上面临很大的困难和障碍，也会使孩子习惯退缩，遇到问题不敢面对。父母应该从小培养孩子的勇气和信心，孩子也应该有意识地提振自己的信心，让自己在不断历练的过程中得到成长和进步，也让自己信心满满走好人生之路。

培养孩子对于学习的兴趣有很多方式方法，但是要想帮助孩子形成信心，却是需要很用心才能做到的。在如今这个教育焦虑的时代里，很多父母对于孩子的学习都怀着急功近利的态度，恨不得孩子第一时间就能够出类拔萃，成为佼佼者。殊不知，孩子的成长有自身的节奏，父母不能打断孩子的成长节奏，扰乱孩子的学习规律，而是要有足够的耐心等待孩子不断地长大，有朝一日，孩子对于学习有了正确的态度和认知，他们就会变被动学习为主动学习，也会渐渐地对于学习更加感兴趣，更加充满信心。

很多喜欢运动、关注运动的朋友会发现，很多运动员在参加比赛之前，都会进行集训。为何不能单独分开进行训练，而非要进行集训呢？这是因为集训是把很多人组织在一起，让大家成为对手在一起训练，从而产生很大的刺激和激励作用，以使训练取得更好的效果。其实，不仅在运动项目上可以进行集训，在学习上也可以进行集训。众人拾柴火焰高，一则是因为柴火变得多了，二则也是因为有很多人在一起取暖，大家自然会觉得更加温暖。如果说孩子都是害怕孤独的，一个人学习往往感到很疲惫和乏力，那么在人多的状态下，大家集思广益，而且可以互相监督、彼此激励，就会在学习上呈现出更大的动力和干劲。这样一来，他们学习的效果就会越来越好，对于学习的激励作用也会更加强大和持久。

此外，和其他孩子在一起学习，可以更好地对比自己的学习情况，知道自己在学习上到底是占据优势还是劣势，是处于领先地位还是处于落后状态。俗话说，没有比较就没有伤害，如果没有比较，孩子也就不知道自己在学习方面的情况到底是怎样的。这样比较着学习，竞争着进步，孩子们都会感到很有动力，也会因为人多而感到好奇新鲜，爆发出更加强大的力量。当然，学习未必要和同龄人、同学们一起进行，也可以和家人一起进行。

当孩子处于冲刺阶段的时候，可以为自己制订一个目标，如这个星期要背诵熟练所有的英语课文，巩固记忆。这个时候，孩子可以邀请父母也在工作上制订一个对应难度的计划和目标，这样父母与孩子就可以相互监督，促使目标实现。在与家人你争我赶的过程中，孩子不但可以与父母进行较量，还会在略微占据优势的时候感到沾沾自喜，也会在落后的情况下更加激发自身的力量努力进取，拼搏向前，这样一来，孩子就可以与父母形成良性竞争，相互促进，共同成长。

当然，这种集训的方式只适用于短期，而不适用于长期。因为集训是非常紧张的，需要集中所有的精神和意志力去做到最好，也要发挥全部的力量争取进步。为此一旦延续时间太长，孩子就会感到疲惫，甚至完全放弃努力，这样就起到了相反的作用。对于学习，孩子一定要保持张弛有度的状态，既有紧张的时候，也有放松的时候，这样才能做到紧张与放松交替进行，让学习收到最好的效果。

只有紧张，学习也未必会达到最好的效果，还要帮助孩子树立信心才行。很多成人都会有这样的感受，如当目标过于远大的时候，即使非常努力也无法实现目标，内心就会受到挫折和打击，也就没有力量继续稳定向前。其实，学习就像跑马拉松，如果只顾着奔向最遥远的终点，跑着跑着就会觉得身心俱疲，甚至没有信心继续跑下去。如果能够以各种标志物把马拉松的全程进行划分，则我们在奔向终点的过程中，每到达一个标志物，就可以实现小小的目标，从而受到激励，拥有信心，也就可以更加鼓起勇气，充满力量，继续努力向前跑。日本有一个马拉松选手叫山田本一，他就是通过划分马拉松赛道的方式让自己不断地到达一个个终点，最终获得冠军的。

孩子总是贪玩的，他们更喜欢玩耍，承受挫折和打击的能力也很差。因此，在学习的漫长过程中，要学会不断地激励自己，也给予自己小小的成功作为奖励，这是很重要的，也可以帮助自己保持信心，保持兴趣。当然，具体采取何种方式激励自己不断地进步、持续地进取，需要根据客观的情况和自身的主观情况去选择，只有合适的方法才能达到最佳的效果，如果方式不适宜，则很难产生积极的效果。尤其是在使用短期集训法激发潜能的时候，更是要控制好时间，让时间处于合适的限度内，否则短了收不到效果，长了则会让孩子身心疲惫，情不自禁地想要放弃。

第11章　几种简单实用的速效学习法，效果立竿见影

好记性不如烂笔头

很多孩子从小就被父母无微不至地照顾，他们也常常因为被父母照顾得太好，而缺乏动手实践能力。例如，已经10岁的孩子吃苹果还要求父母去皮切块提供给他们，有些上了大学的孩子也因为不会铺床而把床铺弄得像狗窝。这些都是孩子在生活方面低能的体现，其中除了生活习惯的养成因素外，与孩子本身的懒惰也有密不可分的关系。还有的孩子的懒惰表现在学习上，他们尽管愿意听老师在课堂中讲解，但是却不愿意拿起笔去写写画画。他们宁愿一遍遍心不在焉地背诵单词、公式，也不愿意在父母的提醒下拿起笔把这些难以搞定的知识写下来，即使父母告诉他们"就算你把这些知识胡乱画在纸上，也比你漫不经心读很多遍的效果更好"。总而言之，他们就是不愿意动，不愿意切实展开行动去做。

实际上，对于学者而言，纸和笔总是非常重要的。每当他们或者产生灵感，或者对于很多事情有了突如其来的好想法，或者只是想起来有一件事情要认真想好去做，他们都会将其写在纸上。古人云，好记性不如烂笔头。一个人即使记性再好，也无法把所有事情都记在脑海中，尤其是当这些东西需要熟练记忆或者运用到演算中的时候，纸和笔就显得更加重要。很多数学家都喜欢随身带着纸和笔，而且他们最喜欢用干净简单的白纸，这是因为白纸看起来一目了然，也因为白纸非常清爽利索，有助于他们在最短的时间内记录下自己的详细想法。在日本，大名鼎鼎的藤原正彦即使和妻子去度蜜月，也常常会在夜半时分有灵感来袭的时候马上就从床上跳下来，拿起纸和笔进行记录。作为普通人，作为

孩子，我们的灵感到来的次数并不会那么多，那么为何不积极地记录呢？也有的时候，我们需要记忆很多东西，却觉得心有余而力不足，如果实在不想继续诵读和记忆，不如就把这些东西抄写下来，因为在抄写的过程中往往会产生强化记忆的效果。

对于写作，很多人都会觉得当想要下笔的时候往往觉得艰难晦涩，无从下笔，而当不想正式去写什么，只是想记录随笔的时候，又觉得文思泉涌，下笔如有神。为何纸和笔具有如此神奇的魅力呢？这是因为纸和笔可以更快地把我们带入状态。通常情况下，我们只是想一想，动的是脑子，而当我们需要去写的时候，则需要在想的基础上往前推进一步，这样一来，我们就会进入思维深度加工的状态，也会因此而爆发出新的灵感。有些进行创作和研究的名人，甚至喜欢用废纸的反面来记载很多东西，因为他们觉得这些废纸原本就是要扔掉的，写得好与坏都没有关系，为此变得内心轻松，思维也就会更加活跃。不得不说，这真是一件奇妙的事情，验证了有一位心理学家提出的理论，即不仅情绪会影响人的行为，而且行为也会反过来影响人的情绪状态。

既然好记性不如烂笔头，你已经做好准备要拿起手中的纸和笔、把自己的思维以笔迹流动的方式记录在纸上了吗？如果还没有，不妨在此时此刻就拿起纸和笔，你会发现它们对于促进思维发展有着神奇的作用力，也常常会给你带来惊喜。

创造身临其境的情境，把自己带入好状态

常言道，处处留心皆学问，在日常生活中，如果我们对于学习还一知半解，又不知道如何促进自己去理解，那么不妨采取创设情境的方式，让自己身临其境，从而更加设身处地想到更多，也可以因为状态的好转而萌生出对于学习的热情和兴趣，令学习的效果最佳化。

那么，创造身临其境的情境，有哪些方式呢？可以打开电视机，看一些相关的电视节目，让自己在声音和画面的刺激下尽快进入情境；可以采取幻想的方式，假设自己是别人，正处于别人的境遇，从而更加理解和体谅他人；还可以幻想特定的景色，带入自己，在这个时候闭上眼睛，假想自己已经看到了各种曼妙的风景，这是非常重要的……总而言之，当状态对了，很多事情也就都会对了。

从师范院校毕业后，小夏就来到这所乡村小学当了一名教师。这所小学是完小，所以每个年级只有一个班，从一年级到六年级，再加上学前班，也就只有七个班。而小夏作为学校里唯一的高才生，尽管才走上教师的岗位，也缺乏工作经验，但是却被校长安排担任四年级的班主任。在整个学校里，四年级在全镇的排名都是最差的，为此小夏很担心自己教不好。

才开学没多久，校长和教导主任就组织来听小夏的课程。小夏这个时候还有些丈二和尚摸不着头脑呢，根本不知道该如何上课，只能填鸭式地把知识硬塞给学生，整节课下来干巴巴的，只有骨架子，没有血肉。后来，校长和教导主任给小夏提出意见，小夏渐渐领悟，摸索出一套自己的教学方法。有一天，小夏要给学生们上一节关于写景状物的文

章,对于孩子们而言,因为他们很少出门旅游,对于风景和美景毫无概念,而写景状物的文章又没有生动的情节,为此学习难度很大。课文很优美,还要求学生们背诵,小夏灵机一动,让学生全都站起来,闭上眼睛,然后由她来朗读课文,学生们则负责想象文中描述的美景,甚至可以像导游一样做出动作,向着假想中的游客介绍这种美景。为此,学生们都很开心,站在那里一开始笑得前仰后合,后来渐渐地进入状态,居然闭着眼睛就把课文的第一段和第二段背诵下来了。后来,小夏进行分组教学,让四个学生为一组,继续背诵课文。结果,才半节课过去,大部分学生就把课文背诵下来,而那些平日里学习成绩很差的学生,也能够结结巴巴地背诵整篇课文。小夏觉得高兴极了,常常采用这种身临其境教学法,带领学生们进行学习。后来,学校里引进多媒体教学设备,她还用多媒体进行教学,让学生们看到更多的景色,领悟更多深刻的道理。

在这个事例中,小夏老师用身临其境教学法引导学生们闭上眼睛幻想,对美丽的景色有更加形象的认知。实际上,孩子自己在学习的时候也可以用这种方法。例如一边读书,一边幻想美景,假想各种情节。这样一来,就可以让自己对于书本的内容理解更加深刻,想象更加生动。其实,孩子们都有这样一种感触,那就是若一件事情是道听途说得来的,则往往不能生动描述出来,即使描述也是梗概,而没有细节。但是如果是亲身经历的事情,不用特意去记牢,就可以描述出来,也可以把细节讲述得惟妙惟肖、生动形象。这是因为每个人对于自己亲身经历的事情都会有更深刻的感触,也会有更细致入微的感知,为此在表达的时候就能顺理成章地说出来,而不会有任何的迟疑。为此,很多刑警在破

案的时候，会一遍一遍地审问嫌疑人，那些撒谎的嫌疑人在这样的重复审问下，马上就会原形毕露。但是那些表达真实的嫌疑人，则可以保证每次陈述都是相互符合和一致的。

要想创造身临其境的感觉，对于那些情节很生动的故事等，还可以采取扮演角色的方式去表演。例如在学习莎士比亚的戏剧时，可以排演一出戏剧，从而给自己机会真正扮演戏剧中的角色，这样会更加接近于亲身经历，对于帮助记忆将会达到事半功倍的效果。此外，如今网络这么发达，很多知识都能够从网络上找到对应的图片，甚至是动画，这对于帮助我们获得身临其境的真实感有很大的好处。处处留心皆学问，要想在生活中发现更多的学问，我们就要把学问牢记在心里，说不定还可以以做梦的方式让一切变成现实去经历呢！虽然梦境是假的，但是在梦境之中经历很多事情的时候，我们的情绪感受却是真的，丝毫不打折扣。

建立一个自己偏爱的世界

几十年前，剪报曾经风靡一时，很多孩子都喜欢收集报纸，然后在浏览报纸的过程中剪下那些对自己有益的信息，或者是喜欢的文章，从而将其张贴到一个特制的大本子上。细心的孩子还会对剪报进行分门别类，例如有的剪报上都是时事新闻，有的剪报上是一些优美的小文章，有的剪报上是百科知识。这样一来，不管在阅读报纸的过程中看到什么有用的内容都可以保留下来。等到下次再看的时候，只需要打开剪报浏览即可，而无须再去翻箱倒柜找到当年那张报纸。实际上，制作剪报的

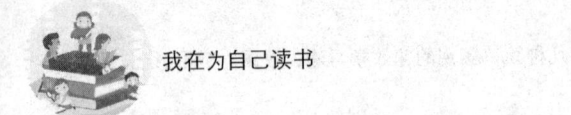

过程就是一个筛选的过程，我们最终决定剪下来的，一定是我们所偏爱的内容。日久天长，随着积累的剪报越来越多，我们就构建了一个自己喜欢的世界，从而自由地徜徉其中。

当然，也许有些孩子对于电子产品特别偏爱。的确，如今网络上的新闻铺天盖地而来，想看什么样子的文章也可以上百度搜索，这显然是更加方便快捷的。但正是因为这种方式的方便快捷，使得人们在对信息进行筛选的时候无法真正做到去粗取精、去伪存真。还记得当年在张贴剪报的时候，因为只剩下一块小小的空当，而在两三篇文章中不停斟酌的犹豫和纠结吗？在电子产品上，你当然无须这么迟疑，因为你只需要动动鼠标就能把东西保存下来。为此，你所收集的东西往往是庞杂的，没有经过精挑细选。此外，因为网络上各种信息更新的速度很快，常常使人目不暇接，所以很多时候我们才看完一条新闻，马上就会有新的新闻接踵而来，简直让人有目不暇接的感觉。

在这个喧嚣浮躁的时代里，为何不让自己静下心来，用心地去剪下一篇文章，然后将其小心翼翼地张贴起来呢！生活需要仪式感，当你认真庄重地做完这一切事情之后，你会发现你对于原本不以为然的事情也变得更加慎重、郑重，这都是仪式感给我们带来的责任感和使命感。当铺天盖地的信息不由分说地向我们涌过来时，耐下心，沉住气，不要急。并非所有的信息对每个人都有用，既然我们的时间和精力都是有限的，我们就要去粗取精、去伪存真，从而让信息变得更加精练，也让人生有更多的时光可以流转。

每个人都是这个世界上特立独行的生命个体，每个人都渴望拥有与众不同的人生。然而，构成每个人独特小宇宙的因素并非是固定的，也没有人提前给安排好，为此我们需要主动寻找生命的要素，也要不断地向着外面发射电波，从而让各种符合我们喜好的要素纷至沓来，围绕在我们的身边。

当然，孩子们也需要注意的是，一个人的世界里不可能只有他所喜欢的东西，反过来说，一个人不会完全喜欢周围的一切。既然如此，我们只能以兴趣作为桥梁去走入世界，而不能因为兴趣的存在就画地为牢，导致自己故步自封，不愿意走出小小的圈子。世界很大，若我们把自己局限在一个圆圈里，我们就只能拥有这个圈子。若我们走出圈子，那么我们就会拥有圈子以外非常辽阔和广大的世界。

会听，还要会做，才能活学活用

在学习过程中，很多人都会感到苦恼，因为他们虽然把知识装入自己的大脑，却不知道如何灵活运用这些知识，也不知道这些知识对于生活和工作的意义是什么。实际上，如果一个人只知坚持死学，学习到的知识也都是生硬僵化的，那么学习对于他而言并不能起到积极的推动作用，反而会被禁锢到固有知识营造的世界里，导致自己受到限制，成长与发展都变得很艰难。

学习的目的是什么？例如针对英语学习而言，绝不是为了多背诵几个单词、几个句子或者几篇文章，也不是为了应付考试，而是为了能够灵活地将知识运用于交流中。英语也和语文一样是工具学科，英语是否能够学好，不但关系到我们能否用英语交流，也关系到我们是否具有竞争力。不管学习哪一门学科，都是为了学以致用，只有做到活学活用，让所掌握的知识对我们的生活和工作起到积极的辅助作用，我们才能更加热爱学习，也领略到学习的魅力。

把学习到的知识灵活运用于生活，还可以加深我们对于知识的理解。否则纯粹的理论是非常枯燥的，也常常使人觉得学习无以为继。只有不断地努力提升对于学习的理解力和鉴赏力，我们才能在学习的过程中更加快速地成长，获得长足的进步和发展。

才上小学一年级的豆豆每天放学之后都会帮着妈妈看守卖菜的摊位，这样妈妈才能忙里偷闲去家里做饭。有的时候，有顾客到来，豆豆就会学着妈妈的样子卖菜。日久天长，豆豆的数学计算题做得熟练极了。

这不，有个阿姨来买新蒜。看到新蒜上有很多泥，阿姨忍不住抱怨："这个大蒜上好多泥土啊，要去掉吧！"豆豆老练地说："连泥来的连泥卖。"阿姨原本还不想买呢，听到豆豆说出这句话，她觉得很有趣，为此对豆豆说："给我一斤大蒜吧！"豆豆给大姨称了大蒜，不过有点儿多了，他正准备拿下去一些，阿姨说："就这么多吧！我给你100元钱，你应该找我多少钱？"大蒜一共7.9元，豆豆毫不迟疑地脱口而出："找你92.1元。"阿姨忍不住对豆豆竖起大拇指："你太厉害了！"豆豆得意地笑起来。

在这个事例中，豆豆之所以能够把100以内的加减法算得这么熟练，就是因为生活逼得他不得不坚持做计算题。因为最大的钞票是100，所以一来二去次数多了，豆豆就对100以内的加减法算得门儿清。活学活用，大抵如此。

任何知识与技能，都不能脱离生活实际。科学家研究各种高深的学问，实际上也是为了服务于生活。现实生活中，当看到身边有人数学学得好的时候，不要惊讶，也不要羡慕。因为如果你能够把参考书、习题集多做几遍，你也就会熟能生巧，同样把数学学得很好。当然，在选择参考书和习题集的时候，为了节省时间和精力，要选择最王牌的学习资料使用，这样才能收到最佳的效果。

每个孩子的学习能力都是不同的，有的孩子理解力更强，有的孩子实际操作和动手能力强。实际上要想在学习上有更好的表现，达到更高的境界，就要做到听懂与会做，继而是熟练掌握之后的活学活用。说起来只有简单的几句话，真正想要做到却很难。尤其是随着学习的不断深入和推进，各种教辅资料铺天盖地而来，让人不知道如何甄别和选择。其实，对于高年级的孩子而言，要选择有参考答案的书籍使用。因为有参考答案的书籍会让孩子在遇到难题的时候有资料可以参考，或者孩子还可以根据答案推算出来解题的步骤和过程，这当然也是学习的好方法，也是非常有效的学习方法！所谓熟能生巧，绝不是做一遍两遍题目就可以达到熟练程度的，必须勤奋练习，一遍不行就两遍，两遍不行就三遍……当达到举一反三的熟练程度时，才算是真正了解和理解了知识点，从而做到主动学习、自主学习、高效学习。

认真去听，发现崭新的世界

时代发展到今天，信息传递的速度如此之快，如果你觉得所谓学习就是捧着一本书，正襟危坐，目不转睛，全神贯注地读书，那么你就大错特错了。因为在网络发达的情况下，在人际关系越来越亲密和人际交往更密切的情况下，学习的方式越来越多。作为独立的生命个体，每个人在生命历程中都要做到与时俱进，才能与这个时代一起成长和发展。面对学习，自然也要做到顺应形势，顺势而为。为此，不要觉得学习只有在课堂里或者捧着书本才能进行，很多时候，与心灵相契合的朋友进行交流，探讨某一个话题，同样能够让我们学习到更多的新知识，并发现崭新的世界。

在看书的时候，孩子们常常会有这样的感触，即觉得所读到的内容太艰难晦涩，根本就无法看懂。的确会存在这样的情况，例如一个不喜欢哲学的人一定不会读《神曲》，更不喜欢读尼采的很多作品。这是因为他不知道那些深奥难懂的哲学家到底在说些什么。但是如果和读过这些哲学书籍的朋友聊天，他们就会对朋友所说的"形而上、形而下"很感兴趣，也会对于"存在即合理"这样的话产生共鸣。这样一来，聊天的过程就会变成学习的过程，不知不觉间，我们就对这些哲学词汇熟悉起来，尽管还不能从哲学范畴确切了解其中的意思，但是我们已大概知道了意思，在和他人沟通的时候说起它们。这样通过聆听的方式学习，对于孩子们是很有好处的，不但可以拓宽孩子们的知识面，也可以让孩子学会很多新鲜的词语，在无形中了解很多词汇的意思。尤其是在和幽默风趣的人交谈时，在互动的过程中，孩子们会感到很快乐，也会与对方建立良好的人际关系，这对于孩子的成长是非常有利的。

沟通是人与人之间交往的基础，也是人心与人心之间的桥梁。一个人如果不会沟通，就无法建立良好的人际关系。很多人误以为沟通就是嘴巴不停地说，实际上沟通更是侧耳倾听，只有学会聆听的人才能了解他人想要表达的意思，才能在了解他人的基础上有的放矢地表达自己，与他人建立和谐友好的关系。由此可见，聆听是很重要的，利用好两只耳朵去听，并控制好自己的嘴巴谨言慎行，我们才能以各种方式积极主动地学习。

人生中的很多智慧都是通过生活的点滴积累才能得到的，为此，作为孩子，我们要常怀空杯心态，有的放矢地面对人生，积极主动地展开学习，而不要总是误以为自己什么都懂得，却又常常在实际行动中露怯。正如人们常说的，若一个人误以为自己是最聪明的，则恰恰意味着他的愚蠢。反之，若一个人觉得自己学习得还不够，还需要继续努力，那么则意味着他会勤学好问，也会非常努力进取，把学习当成乐趣。当然，他也会由此进入人生的良性循环学习状态，在学习上有更好的成长和发展，自身也会更加充满智慧。

第12章

那些所谓的天才，不过是掌握了高效率学习的秘籍

很多孩子都自觉很笨，实际上，这是因为父母或者老师抑或是其他人曾经这样评价过他们。实际上，没有人天生就很笨，大多数人的智力水平都相差无几，为此不要总是以笨作为自我评价。甚至连那些所谓的天才在内，他们的智力水平也很正常，而他们之所以在学习的领域出类拔萃，是因为他们掌握了高效率学习的方法，所以才能在学习之中纵横驰骋，打造出属于自己的一片广阔天地。

如何轻松高效地学习

很多孩子都会感到奇怪，因为他们亲眼看到身边的有些同学每天都轻轻松松，从来不是争分夺秒地扑在学习上，但是这些同学的成绩却很好，其中也不乏有些同学是地地道道的学霸。这是为什么呢？究其原因，就在于这些孩子在学习方面的效率很高，所以他们未必需要花费很多的时间，就可以把学习学好，就可以在学习领域出类拔萃。由此也可以看出，很多人在面对学习的时候，总是花费更多的时间和精力，却不能取得更好的学习效果，是有原因的。

如何才能轻松高效地学习，这是每一个人都想领悟的真谛，遗憾的是，很多孩子不断地摸索、经常地揣测，却始终没有找到正确的答案。每个孩子都是这个世界上独一无二的生命个体，为此每个孩子对于学习的领悟能力是不同的，这决定了他们所要采取的学习方法也必然截然不同。因而，学习要因人制宜，孩子们在寻找学习方法的时候也要从自身的实际情况出发，这样才能最大限度地激发生命的能量，从而找到能让自己事半功倍的学习方法。

一直以来，我们都误以为学习成效的高低与在学习上所花费的时间呈正相关，然而事实告诉我们，在学习上的表现与我们花费在学习上的时间有一定的联系，但我们对于学习所怀有的态度和付出的精力，也是影响学习效果的重要因素。实际上，我们对学习所付出的不仅仅是时间，还有能量。

如何才能对学习付出最大的能量呢？能量与什么是密切相关的呢？不要觉得能量是由态度决定的，实际上，能量是由我们的身体和心灵状态决定的。要想拥有强大的能量，首先要有健康的身体，而有规律的生活和运动，是提升能量的重要方式。每天，你是否能做到按时起床和休息呢？每天，你都在摄入什么营养结构和比例的食物呢？每天，你有没有坚持运动释放压力，从而保持积极向上的情绪呢？你的能量与你的生活密切相关，你必须做到健康生活，规律运动和作息，而且要时刻保持好情绪，这样才能获得最大的能量。

学习，一定要劳逸结合，而不要一味地学。在两个孩子之中，如果一个孩子始终都在争分夺秒地坚持学习，从来不会积极主动地休息，而另一个孩子则在学习的时候专心致志地学，在放松的时候就全身心地放松，那么前者和后者相比将会如何？可想而知，前者的学习效率一定没有后者更高，后者的学习成绩很有可能比前者更好。这是因为人不是机器，不可能连轴转，否则就会导致状态欠佳。适度休息正是调整状态的好方式，这可以帮助我们保持精力旺盛，也可以让我们在学习中呈现出更好的状态。

需要注意的是，拖延是会消耗人的能量的。很多孩子都有拖延的坏习惯，他们面对学习，常常会无限度拖延，只想玩，而不想写作业，或者学习一些新的知识。这样下去，他们非但不能全心全意去玩，也没有全身心投入学习，以致无形中消耗了时间，也导致内心焦虑不安、忧愁忐忑。这样一来，能量被大大地消耗掉，却没有起到积极的作用。不得不说，以这样的方式消耗能量是得不偿失的，正应了很多父母常常定义的孩子的行为——学也没学，玩也没玩。为此，孩子一定要干脆果断，不要在学习中拖泥带水，无限拖延。否则，非但没有完成该做的事情，反而把能量消耗殆尽，这无疑是非常糟糕的。

当然，轻松高效地学习绝不是一件简单的事情，而是与孩子们的学习态度、学习方法等密切相关的。尤其是孩子还必须养成良好的学习习惯，如此才能在学习过程中按部就班、秩序井然，才能在成长的道路上坚持进取、努力奋进。古人云，一日三省吾身。在走向高效的道路上，对于所掌握的学习方式和方法，我们还要采取积极反思的态度，从而能够更加有的放矢地改进方法，提升学习效率。总而言之，学习是漫长且艰难的道路，我们要不遗余力地提升学习的技巧，全力以赴地经营好学习，才能在学习过程中有更多的收获，获得长足的进步和发展。

你不可不知的——艾宾浩斯的遗忘曲线

德国心理学家艾宾浩斯通过研究发现了遗忘曲线。在对遗忘曲线的描述中，艾宾浩斯揭示了人类大脑在认知和记忆新事物的时候遵循的遗忘规律，从而帮助人们更好地避免遗忘，增强记忆能力。根据艾宾浩斯的遗忘曲线揭示的记忆真相，人们要想牢固地记住一些知识，必须及时复习、巩固记忆，因为新知识在记忆之后最初的时间里，也是最容易遗忘的。无独有偶，美国大名鼎鼎的教育学家盖兹也经过研究发现，人之所以能够牢固地记住很多东西，识记的作用只占据20%，而回忆的记忆效果最好，可以达到80%的作用。这告诉我们，回忆也存在二八原则，对于识记的内容，我们必须通过不断回忆的方式加强记忆，这样才能最大限度地提升地记忆的效果，让我们对于知识的掌握更加牢固。

实际上，二八原则最早起源于管理学，是意大利经济学家帕累托提出来的，意思是只有20%的人掌握了世界上大概80%的财富。在此基础上，帕累托还推论出，20%的工作决定了80%的价值，20%的罪犯罪行占据到全社会罪犯罪行的80%。这样的推论还在不断地衍生下去，而且符合大多数的原则和定论。在《判断学》中，盖兹把识记和回忆也与二八原则相对应起来，从而断言识记与回忆的记忆作用比例为2∶8。

在掌握记忆的二八原则之后，孩子们同样可以有的放矢地改善记忆，提升记忆的技巧。这样一来，就避免了为了追求高效记忆的方法而忽略了如何巩固已经尝试记忆的知识，从而不会陷入记忆的恶性循环状态。具体来说，就是在识记一些知识和内容之后，不要一味地去背诵，反复地机械记忆，而是要在达到一定记忆效果的情况下，努力地回忆，尝试着把记忆背诵出来。这样一来，就可以起到加深记忆的作用。而且，当能够把识记的内容回忆出来之后，孩子们还会获得成就感，找回自信心，为此，他们记忆的效果会更好。

现实的学习过程中，很多孩子记忆的效果都不好，而且对于应该背诵的内容，他们一直反复纠缠到考试前夕依然无法回忆出来，为此他们难免会感到内心紧张焦虑。如果采取二八记忆的原则不断地回忆巩固，则渐渐地就能找到自信心，也可以在尝试背诵的过程中不断地强化记忆、加深印象，为将来顺利通过考试做好准备。

当然，尝试背诵并非唯一的回忆方法。在回忆的时候，我们还可以放下手中需要记忆的资料,在脑海中尝试着复原资料,呈现出画面。如果这一切进展顺利,我们可以反复进行,从而让回忆更加熟练。反之,则需要再次进行识记,针对无法顺利回忆出来的内容进行加强记忆。总而言之,熟练记忆不是能够轻易达到的,我们要有耐心,才能反复记忆,增强记忆。

除了可以把二八记忆法则运用于学习之外,我们还可以把二八记忆法则运用于生活中的很多方面。不管是二八法则还是艾宾浩斯的遗忘曲线,都是殊途同归的,我们要做的是找到最适合自己的方法,增强记忆的能力,加深熟练的程度,如此才能有的放矢地记忆好应该记忆的内容,才能有效增强自己的记忆能力。

记忆除了要战胜遗忘之外,还应该营造良好的记忆氛围。也许有些孩子会感到很惊讶:记忆还需要氛围吗?当然。记忆的氛围就是你的情绪感受。很多现实告诉我们,在记忆的时候,如果心情愉悦,记忆的效果就会很好;如果心情糟糕,记忆的效果就会很糟糕。为此,在记忆的时候,我们要做好准备,这样才能为记忆铺垫基础,做好准备,才能提升记忆的效率,让记忆变得更加深刻。

从读到听,辅助记忆

每个人对于记忆都有不同的方法,也有不同的技巧。然而,不管采取怎样的方式与技巧进行记忆,最根本的就在于一定要用心去记住,否则什么方式与技巧都是无效的。当然,熟能生巧也是很有道理的,对于

第12章　那些所谓的天才，不过是掌握了高效率学习的秘籍

每个人来说，如果只读一次需要记忆的内容，即使脑子再好用，也不可能真正记住。要想做到熟练记忆，就必须熟练诵读，从而对内容产生印象，从而尝试着背诵下来。当然，诵读要背诵的内容是需要环境的，如果没有足够的时间诵读，又该怎么做呢？

和诵读相比，听显然是更方便的。例如上学放学的路上，如果坐私家车，可以用车载CD播放，如果坐公交车，可以戴着耳机听。即使没有时间的限制，如果诵读已经很多次，而且感到疲惫，也可以以这样的方式来帮助自己加强记忆，作为辅助记忆的手段使用。

当然，从听到读，从文字到音频，一则要进行转化，二则要找到适合播放音频的地方。在听的时候，一定不要影响别人，否则就会影响人际关系，也会为了自己的便利而给别人带来麻烦。在做好准备之后，正式进入音频辅助记忆的状态之中，就要按照以下步骤进行：第一步，要熟读记忆的内容。在这个阶段，如果没有文字作为对照，就要听清楚音频的读音，从而做到准确识别、正确复读。如果有文字作为对照，则在熟读文字的基础上再听音频进行记忆，就可以有效地避免因为误听而产生错误。第二步，要跟着音频复读，做到连贯流畅、熟练复读。在第二个步骤操作熟练之后，第三步要进行更熟练的操作，即把音频播放速度加快，从而让自己经过练习也能跟得上。如此循序渐进，直到能够跟得上更快速的音频播放速度为止。进行完这三个步骤之后，接下来我们要做的是最后一个步骤——尝试检验记忆的效果。可以拿出一张纸进行默写，遇到想不起来的地方不要急于去求证，而是要努力回忆，或者可以和以往一样从头到尾以背诵的方式回忆起音频。这样，也许在惯性的作用下，你就能知道接下来是哪一个单词或者哪一句话了。这样一来，就

会对这个单词或这句话记忆非常牢固，印象非常深刻，以后就不会再在同样的地方卡住。如此一遍、两遍、三遍地顺读下来，你对于需要记忆的内容印象越来越深刻，就可以达到目标。

在学习的过程中，理解能力和记忆能力对于孩子们的学习结果影响很大。记忆和理解应该是相辅相成的，很多年龄小的孩子理解能力欠佳，为此他们就会发挥记忆能力，强行记住很多东西，如幼儿园的孩子就能背诵下来很多首古诗词。而随着年纪不断增大，孩子们的理解能力越来越强，记忆能力随之下降，在这种情况下，就要靠理解来辅助记忆。对于那些理解深刻的内容，孩子们略微加以记忆，就可以达到熟练记忆的效果。当然，不管采取哪种方法，诵读都是必不可少的环节和步骤，真正的过目不忘在现实生活中是根本不存在的。在学习的过程中，如果对于需要记忆的内容不太理解，我们还要积极主动地向老师或者父母求助，从而加深理解、增强记忆。

在使用音频进行记忆的时候，对于与记忆内容配套的音频，可以先诵读，以免听不清楚音频而被误导。而对于那些没有音频资料的内容，也可以自己制作音频，通过朗读、录音的方式记住音频，这样也不失为一种好办法。总体而言，记忆还是要遵循熟能生巧的原则，不管使用哪种方式进行记忆，都要建立在熟练的基础上。为此，熟悉和理解所要记忆的内容，是记忆的前提条件，也会对促进记忆起到积极的作用。

笨人到底为什么笨

很多孩子都会说自己很笨，其实，他们并不笨，而只是以为自己笨而已。若一个孩子认定自己笨，他就会对自身失去客观的评价，也常常以笨作为安慰自己的理由和借口，借此逃避努力。有些孩子甚至因此而陷入自暴自弃的状态，动辄就会说："谁让我笨呢！"为了避免孩子出现这样的情况，父母千万不要随意评价孩子，更不要给孩子贴上笨的标签。此外，老师也不要总是故意贬低孩子，要知道孩子的自尊心是很脆弱的，在与孩子沟通的时候，一定要理解和体谅孩子的情绪，照顾到孩子的心灵，这样孩子才会更加自信，心态健康。

为何要说孩子笨呢？什么才是真正的笨呢？其实，关于笨，心理学家早就辟谣了。心理学家经过研究发现，大多数人的天赋相差无几，只有少部分人天赋很强，或者是智力低下。这也就意味着大多数孩子的智力水平相当，起点也都相差无几。既然如此，就不要以笨来评价孩子，孩子也不能以笨作为自我评价。

那么，为何还总是有人说自己很笨呢？说自己笨的人未必真的笨，因为真正笨的人都不能意识到自己很笨。从心理学的角度来说，说自己笨的人是为自己开脱。同样是健康正常的人，为何别人能够做到的，我却做不到呢？如果孩子们能这么想，就会激发起自己不服输的精神，也不会把自己看得不如别人，或者妄自菲薄了。要想解决总是说自己笨的问题，就要了解什么是真正的笨。真正的笨指的是智商没有别人高。所以说自己笨的人都应该让智商来说话，这样才能证明自己是真笨还是假装笨。

有的时候，说自己笨的孩子也是因为缺乏信心。当发现自己缺乏信心的时候，我们不要再给自己施加压力，或者是故意给自己安排过于艰巨的学习任务，否则就会更加挫伤自己的积极性。人生，从来没有一蹴而就的成功，任何成功都是不断积累才能得到的。作为孩子，我们正处于学习的关键时期，也在人生的爬坡阶段，我们要有更加正确的认知，如此才能在学习上一路奋勇向前，通过积累达到质的飞跃。

"笨"没关系，只要我们有一颗不甘于"笨"的心，并能够客观正确地认知自己，就可以打破笨的魔咒，激发自身的强大力量，突破和超越自我，创造奇迹。

攻克学习的薄弱环节

对于孩子们而言，学习的过程并不是那么容易的，因为孩子的智力发育并不成熟，而且很多孩子都处于学习的起步阶段，为此对于学习也没有那么深刻的认知和感悟。古人云，不识庐山真面目，只缘身在此山中。孩子正是因为陷入学习的状态中无法自拔，才会对于学习感到迷惘和困惑。在孩子的群体中，只有极少数孩子能够领悟学习的真谛，也可以做到高效率地学习，大多数孩子对于学习都感到迷惘，不知道如何做才能真正弥补学习上的不足，提升学习的效果。

前文说过木桶理论，意思是说如果木桶上最短的板限制了木桶的容水量，那么就要弥补短板。对于学习而言，也是如此。很多孩子误以为学习上的各门学科是相互独立的。其实不然，各门学科之间有着千丝万缕的联系，一门学科拖后腿，往往也会影响其他学科的学习。所以真正明智的孩子会对各门学科综合看待，从而整体计划。在这种情况下，如果发现学习上有薄弱的学科，或者对于某一门学科的学习有薄弱的环节，那么一定要非常努力地去弥补，也要拼尽全力去攻克，从而让学习情况在整体上得以提升和进步。

对于学习，孩子们常常会产生畏难心理，他们更喜欢自己擅长的学科，对于该学科的学习充满信心，也因此进入良性循环状态。而对于自己不擅长的学科，他们很容易陷入恶性循环状态，对于学科的学习很厌倦，甚至连教授该学科的老师也一并疏远。不得不说，人的本能都是趋利避害，孩子也是如此。但是，这只是一种逃避和畏缩行为，而不能真正解决问题。真正解决问题的方法是勇敢面对，努力攻克薄弱环节，如此才能一劳永逸地消除问题，并让自己在学习方面真正进入更好的境界。

童第周是伟大的是生物学家。他从小家境贫困，虽然读过私塾，但是后来就辍学了，没有机会接受系统的学校教育。直到17岁的时候，哥哥才靠着努力争取，把童第周送入学校。童第周当然很珍惜这个学习的机会，因为他在私塾学习的时候接触过文史知识，所以他对于文史学习有一定的基础，相对轻松。由于私塾里从未教授过关于数学、英语方面的知识，为此童第周在数学、英语学习方面非常被动，也很落后。面对这样的情况，童第周没有放弃，而是始终都在努力进取，争取缩小与同学之间的差距。

为了学好数学与英语，童第周常常废寝忘食。他落下那么多功课，要想补上谈何容易！但是他有顽强的决心和坚韧不拔的毅力。在无数个不眠的夜晚之后，童第周追赶上来。然而，正在此时，童第周却得到一个不好的消息，即他想要报考的实效中学不招收一年级新生，而只招收三年级的插班生。童第周可是好不容易才追赶上来，考取一年级新生都没有把握，怎么可能直接作为三年级的插班生考进实效中学呢？正当大家都为童第周感到担心和忧愁的时候，童第周已经开始投入积极的学习状态。最终，他以优秀的成绩考入实效中学三年级，后来还升入复旦大学，又在国外读取了博士学位。不得不说，他之所以能有伟大的成就，与他当年恶补数学和英语、拼尽全力考入实效中学之间有着密不可分的联系。

以现在的教学观点来看，童第周接受教育的经历简直堪忧。他没有接受过正规的教育，只在私塾中接触过文史的知识，直到17岁才进入学校，很短的时间内就要冲刺实效中学的初三班。这一个个挑战都像是无法逾越的天堑鸿沟，但是童第周从未心生畏惧，他只是向着一个个目标坚持努力，绝不放弃。

对于学习，我们如果也有和童第周一样的精神，就可以超越学习的困境，获得长足的进步和成长。遗憾的是，有太多人一旦在学习上遇到小小的困难，就会立刻否定自己，彻底放弃希望，也不愿意努力。实际上，这样的做法也许能够暂时避开失望，最终却只会导致我们彻底与成功绝缘。

在学习的过程中，我们还要有信心，既不要妄自菲薄，总是觉得自己不行，也不要妄自尊大，总是觉得自己什么都行。只有客观公正地反思自己，衡量和评价自己，我们才能有的放矢地去提升和完善自己，并努力攻克和弥补薄弱环节。所谓金无足赤，人无完人，任何人都不是完美的，任何人在学习方面都不可能面面俱到。既然如此，我们就要在学习知识之后巩固记忆，并通过做练习的方式检验自己对于知识的掌握情况，从而做到举一反三。

预习和复习，才能让学习事半功倍

对于学习而言，预习和复习有着重要的作用，是学习过程中绝不可忽略和省略的环节。所谓预习，就是在老师讲解新课之前，自己先主动学习新课，从而知道自己对于新课的接受情况，也明确哪里是很容易掌握的、哪里是不容易理解的、哪里是还有很大疑问的。这样，就可以带着疑问去听课，从而有侧重点地倾听老师讲解，也可以在适当的时候把心中的疑问向老师提出来，或者与老师展开互动。这样一来，对于新知识的学习和掌握情况就会非常好，因为目标明确，所以效率很高。所谓复习，就是在老师教授完新的知识和内容之后，抓紧时间在课后巩固，从而起到加深记忆的作用。根据艾宾浩斯提出的遗忘曲线理论，知识在灌输到我们脑海中的那一刻开始，就在以很快的速度被遗忘。为此，只有及时复习，才能收到最好的效果。也有人会在学习结束后的几天之后才开始复习，这个时候，对于那些重要的内容已经遗忘得差不多了，所以复习的效果会很差。艾宾浩斯的遗忘曲线还告诉我们，等到最初的几天时间之后，记忆中的知识反而不容易遗忘了，为此要想提升学习效果，对知识记忆牢固，我们就要及时复习、及时巩固。当把预习和复习都做到位时，我们对于学习的目的也就达到了，当然可以保证学习的效果和效率。

  学习是一个线性的过程中，学习需要很多的步骤，这些步骤都要按部就班地进行，才能保证学习的有效性。学习前就是预习，学习中就是学习的主要过程，而学习后则是复习。为此，要想提升学习的效率，追求学习的效果，我们就要做好学习的每一个步骤。真正面对学习的时候，很多孩子都不把预习放在心上，总觉得预习是可有可无的，反正次日老师上课的时候也会讲。殊不知，一旦省略了预习的步骤，我们对于学习就会从主动变成被动，也会从目标明确变成漫无目的。可想而知，带着目标有的放矢地主动学习，效果一定远远地超越盲目地被动学习。在预习的过程中，除了要看课本上的知识点之外，还可以做几道习题来验证预习的效果，这样一来就更容易发现我们在学习中的薄弱环节在哪里，从而可以有的放矢地弥补。古人云，"凡事预则立，不预则废"就是这个道理。

  预习之后，到了课堂上，就要抓住课堂的45分钟时间，紧跟老师的节奏和讲解，做到目不转睛、全神贯注。下课后，老师往往会针对所学的内容布置一些作业，这些作业是最基础的，只能保证我们学习的基本效果。要想有良好的学习效果，并最大限度地提升学习的效率，我们还要主动复习。不但复习老师所讲述的内容，而且要做一些难度更大的习题，从而检验自己能否把新知识举一反三地进行运用。如果可以，那么恭喜你，这说明你真正掌握了知识。如果不可以，则意味着你对于知识的掌握还很粗浅，你需要做的是更加努力地复习和刻苦钻研。当然，复习不是一次性的，艾宾浩斯的遗忘曲线告诉我们在学习新知识之后的几天时间里会加速遗忘，为了对抗遗忘，我们就要坚持复习几天的时间，每天都循环着复习，保证所学的知识都得到充分记忆。唯有如此，我们才能把知识记忆得牢固扎实。

复习，针对文理科的不同，方法也有所不同。文科的复习方法主要是记忆，为此要以反复诵读和记忆为主。而理科的复习除了要熟记公式和定律之外，主要是要能够把所学到的知识加以运用，解答很多难题。为此，对于理科的复习，要在熟记公式和定律的基础上，多多做习题，把知识加以灵活运用，这样不但可以提升操作能力，还可以查漏补缺，在做题的过程中发现疏漏或者薄弱环节，加以弥补。

在英国历史上，查理三世因为一个铁钉而失去了国家。这是为什么呢？原来，当时里奇蒙德伯爵准备率军推翻查理三世的统治，查理三世当然不愿意，为此坚决迎战，以捍卫自己领导国家的权力。就在要开战的那天早晨，查理三世让马夫准备战马。马夫把战马牵出马厩，突然发现战马的一个马蹄铁松了。为此，他赶紧让人找来铁匠，要求铁匠把马蹄钉牢固。

铁匠不敢怠慢，赶紧找出钉子，准备把四个马蹄铁都进行加固。然而，在钉到第四个马蹄铁的时候，铁匠发现钉子不够用，他找来找去，只找到一颗短了一截的钉子。这个时候，奔赴战场的号角声响彻云霄，铁匠不敢耽误查理三世上战场，为此赶紧用那个短了一截的钉子钉好马蹄铁，就把马还给了马夫。查理三世对这一切浑然不知，在战场上，他骁勇善战，一马当先率领全体将士冲向敌人的阵地。然而，才冲到半途，那个用短了一截的钉子钉的马蹄铁脱落，战马因此摔倒，而查理三世也因此被摔在地上。这可是冲锋的紧急时刻啊，后面的将士们看到这一幕全都心神不宁，军心涣散。这个时候，里奇蒙德伯爵趁机率兵进行攻击，一下子就扭转了战败的局面，从而获得了对英国的统治权。

时至今日，英国依然流传着一个民谣，意思是说："铁钉不够长，掉了大马掌；掉了大马掌，战马摔跟头；战马摔跟头，战役打败仗；战役打败仗，国家遭灭亡。"

因为一个铁钉，查理三世丢掉了整个国家，这句话乍听起来让人感到匪夷所思，然而把所有发生的事情环环相扣认真仔细地去想，却发现整个事件逻辑严密，无懈可击。这就像是后来的科学家提出的蝴蝶理论一样，看上去不可能实现，实际上有着充足的证据去验证。假如当初那个铁匠能够认真细心一些，带着足够长、足够多的铁钉，或者负责照顾战马的人在每次战役之后都能够认真检查战马的情况，及时解决战马身上出现的很多小状况，那么历史也许就会改写。

也许有些孩子会说，我们不是查理三世，我们的举动不关系到国家。孩子是祖国的花朵，你今日做事情粗心大意，养成在学习之后从来不会检查和复习的坏习惯，也许将来就会给他人甚至给社会和国家造成损失、带来危害！为此，不要觉得自己是个可有可无的小角色，也不要因为任何理由而降低对自己的要求。任何情况下，我们都要做得更好，力求最好。如今，我们正在学校里接受系统的教育，所学习到的知识和掌握的内容都是作为基础，要为我们将来在学业上拔高奠定地基的。为此，我们一定要养成预习和复习的好习惯，从而在学习上具有更强大的力量。

参考文献

[1] 周舒予.孩子,你是在为自己读书[M].北京:北京理工大学出版社,2016.

[2] 白仕刚.高效学习之道[M].北京:中国友谊出版公司,2018.

[3] 斋藤孝.学会学习[M].南昌:江西人民出版社,2018.